现代有轨电车规划技术

蒋应红　狄　迪　编著

·上海·

内 容 简 介

本书系统阐述了现代有轨电车在规划方面的知识要点、核心技术和方法步骤，涉及有轨电车的内涵与适应性研究、线网规划技术、运营组织安排及枢纽场站设计等内容。同时，对有轨电车的规划重要性进行推广宣传，以推动城市交通规划向一体化发展，不断提升城市出行品质。

本书内容系统性、专业性较强，适合从事相关设计领域的专业技术人员阅读参考。

图书在版编目(CIP)数据

现代有轨电车规划技术 / 蒋应红，狄迪编著. —上海：同济大学出版社，2023.7

ISBN 978-7-5765-0910-6

Ⅰ. ①现… Ⅱ. ①蒋… ②狄… Ⅲ. ①有轨电车—交通规划 Ⅳ. ①TU984.191

中国国家版本馆 CIP 数据核字(2023)第 153768 号

现代有轨电车规划技术

蒋应红　狄　迪　编　著

责任编辑 姚烨铭　**责任校对** 徐春莲　**封面设计** 张　微

出版发行　同济大学出版社　www.tongjipress.com.cn

(地址：上海市四平路 1239 号　邮编：200092　电话：021-65985622)

经　　销　全国各地新华书店

排　　版　南京文脉图文设计制作有限公司

印　　刷　常熟市华顺印刷有限公司

开　　本　710mm×1000mm　1/16

印　　张　8

字　　数　160 000

版　　次　2023 年 7 月第 1 版

印　　次　2023 年 7 月第 1 次印刷

书　　号　ISBN 978-7-5765-0910-6

定　　价　68.00 元

编 委 会

前　言

Preface

随着我国城市化进程的不断加深，支撑其有序、健康发展的交通基础设施不可或缺，轨道交通系统作为一种客运总量大、运输稳定性好、行驶安全系数高的公共交通模式，尤其适用于我国城市体量大、人口密集的国情。有轨电车作为轨道交通系统的重要组成部分，以其设置灵活、造价适中、功能丰富和外形美观等特性，在不同城市与区域得到广泛应用，已成为当今中国城市的重要交通工具。因此，科学掌握现代有轨电车的规划关键技术具有重要的理论与实际意义。

上海市城市建设设计研究总院作为国内最早涉足有轨电车规划设计领域的专业设计院之一，在有轨电车的规划、设计、运营等方面有深厚的理论与实践积累，开展了多项高平台有轨电车课题的研究，主持了全国十余个城市的有轨电车规划项目，如在苏州、淮安、上海、武汉、成都、嘉兴及黄石等地已建成运营，本书的研究成果大部分源于此。

本书共七章。第 1 章有轨电车的内涵与发展，介绍了有轨电车的基本内涵、核心系统的组成，回顾了有轨电车在国内外的应用情况与发展历程；第 2 章有轨电车在城市交通中的适应性，介绍了有轨电车的主要技术特征，系统阐述了有轨电车的应用模式与使用场景，并与其他中运量公共交通方式进行了比较分析；第 3 章有轨电车线网规划技术，首先介绍了有轨电车线网的结构特性，与轨道交通线网的主要区别，其次详细介绍了有轨电车线网规划方法，涉及数学规划模型与大数据技术两类方法，最后提出有轨电车网络评价方法，建立评价指标体系与评价模型；第 4 章有轨电车运营组织规划技术，主要从有轨电车客运通行能力计算方法、有轨电车信号优先控制规划、有轨电车网络化运营组织技术三方面展开研究，涉及通行能力模型、信号控制策略、网络运营模式，以有效提升有轨电车的运行效率；第 5 章有轨电车线站规划设计方法，聚焦于有轨电车设计的中微观层面，包含线路规划设计、车站规划设计、车辆基地规划和交通衔接规划，是有轨电车系统能够实际落地、与其他交通模式衔接融合的重要技术；第 6 章有轨电车的 TOD 规划技术，主要考虑了有轨电车系统规划对城市发展的促进，对基于 TOD 的开发模式、设计方法等内容进行了分析；第 7 章有轨电车规划的工程化应用，通过选取实际规划案例，将对前述章节提出的规划方法与技术的实际应用进行了探讨，并形成一套标准化的规划作业流程，包含规划基本流程与方法、规划方案的编制要求及内容、现代有轨电车线网规划案例。

本书的研究成果可广泛应用于城市或区域的现代有轨电车线网规划、工程研究、运营组织中，为城市有轨电车系统的建设与优化提供理论基础和技术支持。希望本书能够帮助读者对有轨电车的发展历程、规划设计、运营管理等方面有一个较为全面的了解，以推动这一交通工具不断发展与进步。

科技发展日新月异，随着多源数据融合、人工智能等新兴技术的出现与应用，必然将对有轨电车的发展提出新的要求。未来的有轨电车应该体现无人驾驶、绿色环保、低碳出行和空间立体等多种新理念，让人们的出行更加安全、便捷、舒适。同时，新式有轨电车也将让城市更加美好，不仅支撑城市的品质出行，也将成为城市一道靓丽的风景！

参加本书编写的还有：王蓓、黎冬平、张涛、赵玉、余欢等。同时，感谢上海市城市建设设计研究总院(集团)有限公司对本书研究工作的支持！

由于作者水平有限，书中难免存在不足，敬请广大读者批评指正。

著　者

2023 年 6 月

目　录

Contents

1

有轨电车的内涵与发展

1.1 有轨电车的基本内涵

1.1.1 有轨电车的定义

1. 概念发展过程

目前,通过对旧式有轨电车进行现代化改造后演化出两个分支:一个是对路权和车辆同时进行改造,这一系统被命名为轻轨;另一个主要对车辆进行改造,仍然命名为有轨电车。

当前,国际上对于有轨电车系统尚无统一的称谓及定义,如美国称为 trolley 或 streetcar,英国、荷兰、瑞士等国称为 tram 或 tramway,但世界各国对其特点的认识是相同的:有轨电车是将线路直接敷设在城市道路上,与其他交通方式混行的有轨交通方式,运营模式采用人工控制,在交通特征上属于道路交通。

2. 国家规范定义

《城市公共交通分类标准》(CJJ/T 114—2007)将有轨电车归类为城市轨道交通。该规范的条文将有轨电车解释为:单厢或铰接式有轨电车,是一种低运量的城市轨道交通,电车轨道主要铺设在城市道路路面上,车辆与其他地面交通混合运行。

在《城市轨道交通工程基本术语标准》(GB/T 50833—2012)中,城市轨道交通的定义为:采用专用轨道导向运行的城市公共客运交通系统,包括地铁、轻轨、单轨、有轨电车、磁浮、自动导向轨道和市域快速轨道系统。同时,该标准对有轨电车也进行了定义:与道路上其他交通方式共享路权的低运量城市轨道交通方式,线路通常设在地面。

3. 现代有轨电车

近年来建设的有轨电车工程，大都冠以“现代有轨电车”之名，是因为有轨电车的进步、革新导致与传统有轨电车存在较大区别，主要体现在以下 7 个方面：

（1）低地板。现代有轨电车将车辆中部的非动力转向架采用独立旋转车轮，取消了传统轮对的车轴，并将车门处的踏步转移至车厢内部，从而降低车辆入口处的地板面，实现 70%和 100%低地板，极大地方便了乘客使用。

（2）铰接方式。传统有轨电车车辆由车厢铰接而成，每一车设一台带有动力的转向架，以及中间一个不带动力的转向架。现代有轨电车采用模块化设计，车厢内部纵向贯通。

（3）系统振动和噪声。现代有轨电车车辆制造时采用新的制造工艺，车辆减振性能好，并且使用弹性车轮，降低了轮轨之间的噪声，车体使用隔音材料，大大降低了整个系统的噪声水平。

（4）车辆外观。现代有轨电车车辆无论在外形还是涂装上都进行了改善，突出美工设计，并根据线路的特点进行个性化设计，兼具美观时尚和地区特色。

（5）动力性能。现代有轨电车的电气传动系统采用 VVVF 控制技术，制动装置采用电气、机械、磁轨等多种制动形式，在牵引、制动、控制方面都有了大幅度提升。

（6）载客能力。现代有轨电车车辆可以根据客流需求增/减车辆模块，必要时还可以两车联挂运行，提高系统的运输能力。

（7）供电方式。现代有轨电车发展了第三轨、电磁感应、超级电容、蓄电池等多种供电方式，能够更好地实现与周边环境的协调。

1.1.2 有轨电车的系统组成

有轨电车的系统组成由线路、车站、车辆、供电、信号及车辆基地等部分构成，通过这些子系统共同发挥作用，保障有轨电车能够高效、安全地运行。

1. 线路

有轨电车的线路设置直接体现在路权差异上，对于同一条线路的不同地点，路权形式也可以有所变化。有轨电车可以采用专用路权和混合路权等多种形式，如图 1-1 所示。

图 1-1 有轨电车的专用路权(左)和混合路权(右)
(来源:http://ymtram.mashke.org/usa/denver/denver_1_en.html)

2. 车站

有轨电车的车站形式可以分为 3 种:岛式站台车站、侧式站台车站和混合式站台车站。

3. 车辆

有轨电车主要分为 2 类:钢轮钢轨有轨电车和胶轮导轨有轨电车。

1) 钢轮钢轨有轨电车

钢轮钢轨有轨电车的走行部即转向架,主要由车轮、构架、轴箱、悬挂和牵引部件等组成。车体重量通过转向架一系、二系悬挂到达车轮,进而通过轮轨作用传到轨道上,转向架起到承重和导向的作用,如图 1-2 所示。

图 1-2 钢轮钢轨有轨电车
(来源:https://www.constructionweekonline.com/article-30350-alstom-launching-latest-range-at-innotrans-event?amp)

2）胶轮导轨有轨电车

胶轮导轨有轨电车的走行部主要由橡胶轮、构架、悬挂和导向轮等组成，橡胶轮被固定于构架上，通过悬挂装置与车辆相连，橡胶轮走行于普通路面上，起到承重和牵引作用。导向轮通过构架与车体相连，与道路上敷设的导向轨配合，为车辆起导向作用，如图 1-3 所示。

图 1-3 胶轮导轨有轨电车

（来源：https://citytransport.info/Buses03.htm）

4. 供电

有轨电车的供电系统主要分为接触网供电和无接触网供电，其中无接触网目前包括地面第三轨、地面供电系统、电磁感应和储能式供电 4 种方式。

1）传统架空线供电（接触网）

目前最为普遍的有轨电车供电方式，其供电电压一般为 600～750 V。悬挂方式主要分为中间立柱两侧悬挂、单边支柱悬挂以及软横跨悬挂等。架空线供电的方式是目前技术最成熟可靠的，造价也最为低廉，如图 1-4 所示。

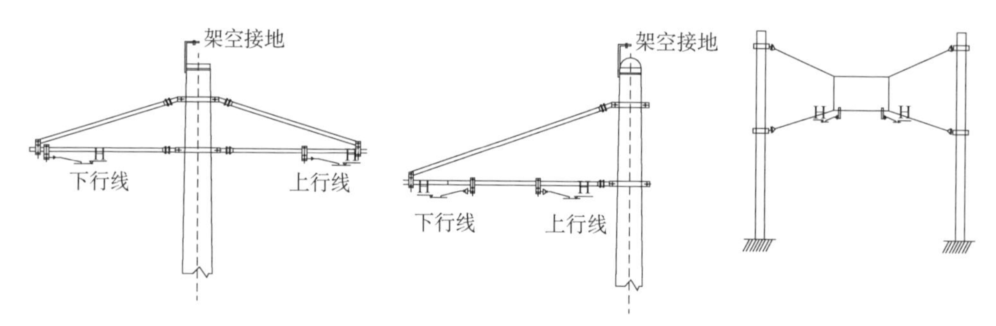

图 1-4 有轨电车架空线悬挂形式

（来源：作者自绘）

由于城市景观以及道路通行净空的要求，越来越多的有轨电车项目开始倾向于无架空接触网的设计，而已经采用了架空线的有轨电车线路，也正在结合道路周边景观，尽可能地简化架空线的结构形态，减少视觉上的障碍，美化景观环境，如图 1-5、图 1-6 所示。

图 1-5 传统有轨电车架空线供电方式
（来源：作者拍摄）

图 1-6 处理得较好的架空线景观
（来源：J. Goudstikker 拍摄）

2）地面第三轨供电

APS 地面第三轨供电方式很好地解决了传统架空线景观以及对道路净空影响的问题。通电的导轨段仅仅限于车辆的车体下方并被车体所包围。探测回路处于电力轨之内，接收信号来自车辆中心下方集电靴周围的天线，以激活供电系统，如图 1-7 所示。

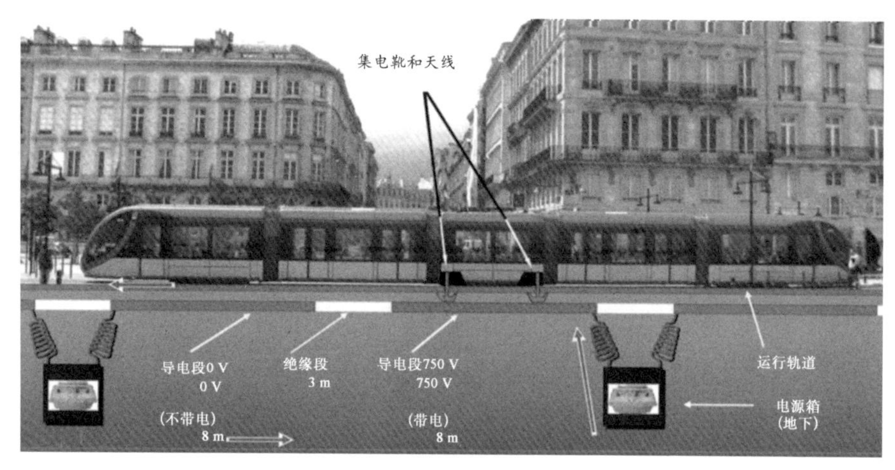

图 1-7　第三轨供电原理图

（来源：https://www.widodogroho.com/2020/02/mengenal-rel-ketiga-rel-konduktor-pada.html?showComment=1581924123438）

3）地面供电系统

地面供电系统采用独特的自然磁力相吸技术。在车辆转向架上安装有受电靴与地面模块内的柔性导电排永磁材料，当受电靴经过模块供电节表面时，模块内的柔性导电排受磁力吸引上升，导通供电电源正极，模块表面带电，受电靴通过与模块表面接触将高压电引入车内，如图 1-8、图 1-9 所示。

图 1-8　车底的磁性受流器

（来源：作者拍摄）

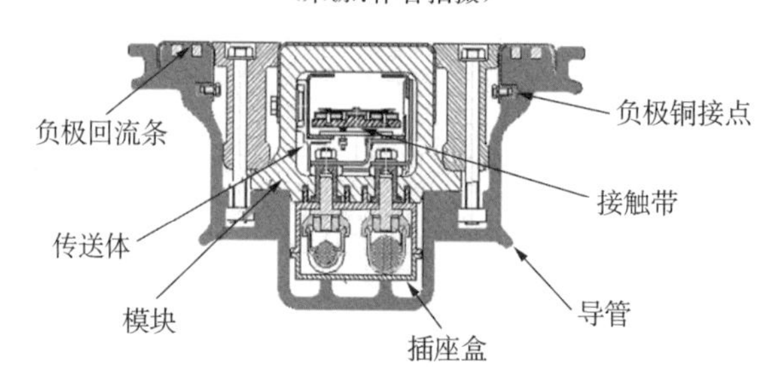

图 1-9　地面的磁性受流器

（来源：作者自绘）

4）电磁感应

此方式利用电磁切割效应产生电能，相对第三轨供电技术更为安全稳定。目前仍在研究阶段，商业运行线路正在建设中，还未投入正式使用，如图1-10所示。

图1-10　庞巴迪电磁感应供电系统原理

（来源：https://ingenieriaenlared.wordpress.com/2009/03/23/foto-post-011-infografias-en-alta-resolucion-del-sistema-primove-de-bombardier/）

5）储能式供电

储能式供电是指车辆上安装了蓄电池或超级电容，满足车辆在无接触网区段的驱动。

5. 信号

有轨电车信号实际上包括2层含义：一是有轨电车专有路权，列车采用自动控制信号系统；二是列车在道路交叉口须遵守道路交通信号，采用人工控制模式。这就是有轨电车与轻轨最主要的区别之一。

6. 车辆基地

车辆基地主要承担有轨电车的停放、运用、列检工作和一般故障处理、车辆外部洗刷、内部清扫、消毒工作及配属列车的定期检修维护工作等。

1.2　有轨电车的发展应用

1.2.1　在国外的典型应用

1. 法国巴黎

巴黎现有有轨电车7条，线路总长82.3 km，车站145个。巴黎的有轨电车主要分布在外围地区，即地铁网络外环线的区域范围内，这个范围内轨道交通的线路密度开始降低，同时线路成网络性不足。因此，有轨电车主要是作为串联地铁线路，起到切向接驳的功能，巴黎有轨电车线路形态以大环＋放射性线路为主，如图 1-11 所示。

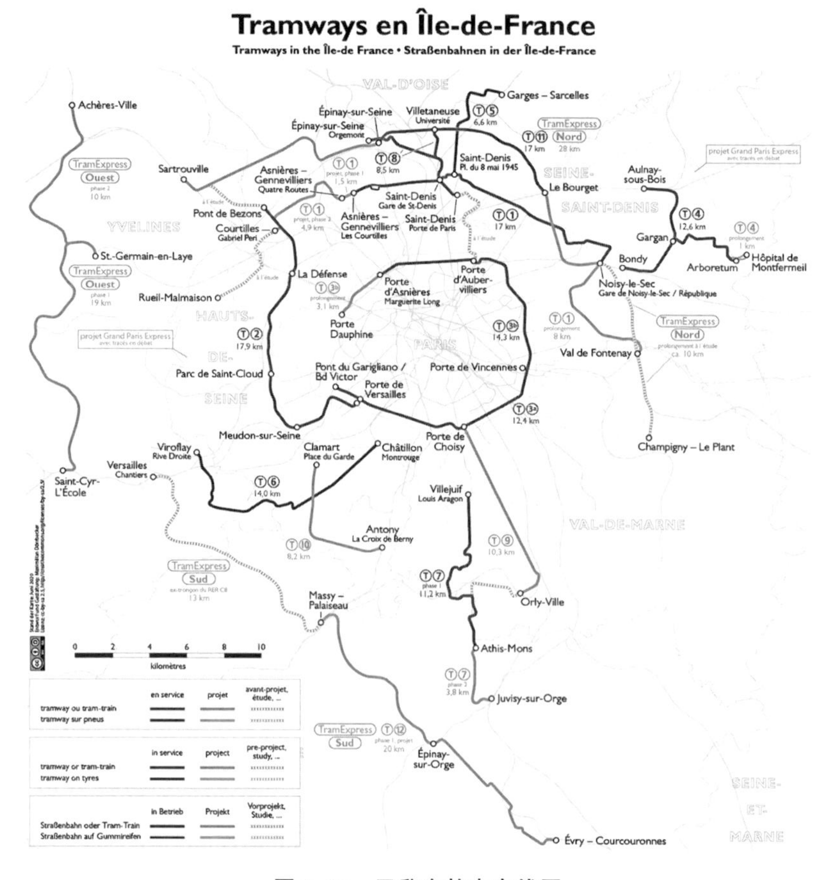

图 1-11 巴黎有轨电车线网

（来源：https://wiki2.org/en/File:%C3%8Ele-de-France_-_plan_des_tramways_png）

2. 澳大利亚墨尔本

墨尔本拥有全球最为庞大的有轨电车系统，至 2013 年，墨尔本共有有轨电车线路长度 250 km，车站数量达到 1 773 个，运营线路 28 条，每天有 487 辆有轨电车在线路上运营，如图 1-12、图 1-13 所示。2010—2011 年度客流发送量 1.29 亿人次；而 2012—2013 年客运发送量达到 1.83 亿人次。因此，有轨电车成为墨尔本公共交通体系的重要组成，担负着骨干公交职能。

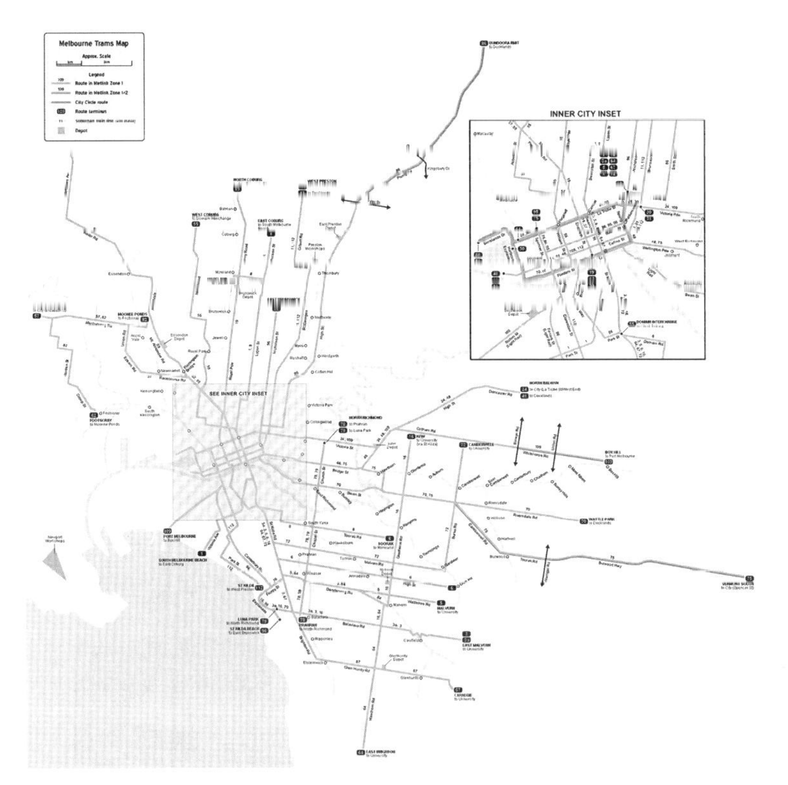

图 1-12 墨尔本的有轨电车网络

(来源:https://en.wikipedia.org/wiki/Category:Wikipedia_orphaned_files?from=Me)

图 1-13 墨尔本有轨电车实景图

(来源:https://uz.upwiki.one/wiki/Trams_in_Melbourne)

1.2.2　在国内的发展历程

1. 有轨电车的出现及发展

中国最早的有轨电车出现在北京，时间是 1899 年，由德国西门子公司修建，连接郊区的马家堡火车站与永定门。此后设有租界或成为通商口岸的各个城市相继开通有轨电车，天津、上海先后于 1906 年、1908 年开通。日本和俄国相继在大连、哈尔滨、长春、沈阳及抚顺开通有轨电车线路，如图 1-14、图 1-15 所示。

图 1-14　上海有轨电车

（来源：https:// www. sohu. com/a/485003133_100258418）

图 1-15　鞍山有轨电车

（来源：https://baike. baidu. com/item/%E9%9E%8D%E5%B1%B1%E6%9C%89%E8%BD%A8%E7%94%B5%E8%BD%A6/52719487? fr=ge_ala）

2. 现代有轨电车的引入与发展

1）胶轮导轨系统

2007 年 5 月，天津滨海新区开通了从法国引进的胶轮导向有轨电车，是中国首个使用胶轮导向电车的城市。线路设置在天津泰达开发区，全长 7.9 km，设 14 个站，采用了专用路权，运营速度约 13 km/h，日运送客流量约 3 000 人次，如图 1-16 所示。

图 1-16 天津泰达有轨电车

（来源：https://baike.baidu.com/item/%E5%A4%A9%E6%B4%A5%E5%BC%80%E5%8F%91%E5%8C%BA%E5%AF%BC%E8%BD%A8%E7%94%B5%E8%BD%A61%E5%8F%B7%E7%BA%BF/17652181?fromModule=search-result_lemma-recommend）

2010 年 1 月，上海浦东新区张江地区也开通了胶轮导向有轨电车，采用了胶轮导轨车辆，架空接触网供电，线路全长 8.9 km，设站 15 座，运营速度约 13 km/h，日运送客流量 5 000 人次，如图 1-17 所示。

图 1-17 上海张江有轨电车

（来源：https://baike.baidu.com/item/%E5%BC%A0%E6%B1%9F%E6%9C%89%E8%BD%A8%E7%94%B5%E8%BD%A6?fromModule=lemma_search-box）

2）钢轮钢轨系统

2010年后，我国的现代有轨电车逐步引入钢轮钢轨系统，如沈阳、南京、苏州、青岛和广州等地，钢轮钢轨有轨电车已成为主要发展方向，如图1-18～图1-21所示。

图1-18 沈阳浑南新城有轨电车及实景图

（来源：作者拍摄）

图1-19 苏州高新区有轨电车1号线及实景图

（来源：gjzx. jschina. com. cn）

图 1-20　南京河西有轨电车及实景图

（来源：https://baike.baidu.com/）

图 1-21　青岛城阳有轨电车及实景图

（来源：https://www.itzhidao.cn/shownews.asp?id=2735）

2

有轨电车在城市交通中的适应性

2.1 有轨电车的技术特征

现代有轨电车具有如下特点。

(1) 节能环保:有轨电车采用电力牵引,不产生燃烧废气,零排放、低污染;人均耗能约为 0.07 kW/坐席乘客,仅相当于公交车的 1/4;噪声比机动车低 5～10 db,是一种节约能源的清洁交通工具。

(2) 中等运能:当前对于有轨电车系统的运能介于地铁、轻轨和常规公交之间。从国内外的经验来看,有轨电车的高峰单向断面合理运能在 0.6 万～1.5 万人/h,是一种中等运能的公交系统。

(3) 舒适人性化:现代有轨电车使用低地板车辆,婴儿车、轮椅可以自由乘降;有轨电车在固定轨道上运行,能保证较好的运营稳定性和乘坐舒适性。

(4) 环境适应性强:现代有轨电车转弯半径小,最小为 10.5～25 m,能够很好地在道路上敷设。

(5) 建设灵活度高:有轨电车系统投资费用相当于地铁的 1/6～1/4,具有较为合理的运量投资比;建设形式相对灵活,能够与道路交通混行;建设周期较短,2～3 a。

2.2 有轨电车的应用模式

2.2.1 轨道交通的重要补充

在此模式下，有轨电车主要应用于轨道交通覆盖不足的区域，或者是作为轨道交通联络线，起到加强重点区域与轨道交通线网多点联系的作用，作为城市轨道交通的补充服务于次要客流走廊。其设置要求包含：

(1) 作为轨道交通的补充线，要加强与轨道交通车站的衔接，形成一体化的公交网络，才能更好地保障效益。

(2) 有轨电车线路可以为轨道交通集散客流，也可以布设在相近的平行线路上，分流近距离出行的客流需求，缓解客流量大的轨道交通线路压力。

此模式主要在国外的大型城市中应用较多，在法国巴黎发挥次骨干公交作用，在澳大利亚墨尔本形成常规公交的基础服务功能，国内应用较少。

2.2.2 新城地区的主干公交

此模式主要应用于特大城市的郊区新城，作为新城区内部的骨干公交系统，其设置要求包含：

(1) 至少有一条有轨电车线路与轨道交通车站衔接，与轨道交通车站之间有良好的换乘系统。

(2) 新城内部形成有轨电车网络，发挥有轨电车的网络效益，同时线路长度和线位布设要基本符合客流的出行特征。

(3) 有轨电车线路衔接新城中心区以及郊区、老城区。

(4) 注重有轨电车与常规公交、非机动车等交通方式之间的衔接。

此模式是国内当前的主要应用模式，包括苏州高新区、沈阳浑南新区等地，其作为轨道交通向外延伸的线路，起到了向外辐射和引导开发的作用，与国内当前各地新城发展趋势和诉求高度匹配。

2.2.3 中小城市的骨干公交

此模式主要应用于中等规模的城市，作为城市公共交通的骨架，并以常规公交车提供客流喂给，其设置要求包含：

(1) 形成有轨电车网络，各条线路之间能够良好换乘；

(2) 进入城市老城区等建设约束条件较多的区域时，考虑采用部分高架或地下等工程措施，提高其建设可行性；

(3) 适度控制好有轨电车的线网规模，从实际财政支撑和主骨干定位出发，优先考虑提升主要骨干走廊的客运能力；

(4) 处理好有轨电车线路交叉点问题；

(5) 加强常规公交与有轨电车之间的换乘。

此模式的应用案例较多，尤其以欧洲等有轨电车形成网络的城市，如法国的波尔多；国内淮安等地有轨电车亦属于该类模式。

2.2.4 区域特色公交线路应用模式

此模式主要应用于旅游景点等，通过与景点融合，形成特色交通线和风景线，实现风景区客流的快速集散与绿色环保，其设置要求包含：

(1) 作为特色公交线路的有轨电车也需要充分考虑运营效益，要有一定的客流保障，这是实现和推进有轨电车可持续发展的重要基础。

(2) 要体现有轨电车的形象特征和客流服务功能，对于运营速度要求一般不高，可以考虑采用混合路权等不同的形式，提高有轨电车的适用范围。

(3) 充分利用有轨电车建设的灵活性，结合景观要求，在敷设方式和断面布置上，采用多样化的布置形式，加强有轨电车系统与周边环境的融合设计。

(4) 对于有轨电车线路的长度和敷设方式，应结合实际情况来确定，如可以采用单线敷设，可以在步行街上敷设，与行人共享街道。

(5) 特色公交线路应尽可能融入有轨电车网络中，采用资源共享等策略，降低有轨电车的建设和运营费用。

国内作为特色公交线路建设的有轨电车包括北京西郊线、福建武夷新区线、广州海珠线。

2.2.5 有轨电车与其他中运量公交制式的比较

中运量公交是介于大运量轨道交通与常规公交之间，运能总体在5 000～15 000人次/h的公交模式。除有轨电车外，中运量公共交通主要包括：悬挂式单轨、跨座式单轨、自动导轨系统和快速公交(Bus Rapid Transit，BRT)等制式。

不同制式的中运量公共交通系统各有特点，适应的区域和交通环境不同，从运营、车辆、人性化、经济效益、环境效益、交通效益及应用模式等方面将其进行横向比较，如表2-1所示。

表2-1 各种公交方式对比表

对比指标		现代有轨电车	快速公共汽车	跨座式单轨系统	悬挂式单轨系统	自动导轨系统
运营与车辆	驾驶模式	人工驾驶	人工驾驶	半自动驾驶	无人自动驾驶	无人自动驾驶
	客运能力(万人次/h)	0.5～1.2	0.4～1.0	1～3	0.6～0.9	0.5～1.5
	旅行速度(km/h)	20～25	15～20	25～30	20～25	25～30
	路权形式	半封闭(专用车道)/混合	半封闭(专用车道)	封闭路权(高架)	封闭路权(高架)	封闭路权(高架、地下)
	最小转弯半径(m)	10.5/25	12	30	30	30
	最大坡度	130‰/60‰	约130‰	100‰	104‰	70‰
	供电方式	触网/无触网	—	轨道集成(DC 750 V)	轨道集成(AC 380 V)	轨道集成(AC 600 V)
	产业化基础	好	好	一般	差	差
人性化	乘坐舒适性	高	低	高	中	高
	乘坐便捷性	高	高	中	中	中
	疏散安全便捷性	高	高	中	低	一般
经济效益	工程投资(亿元/km)	1.3～1.7	0.3～0.5	2～4	1.5～2.5	1～3
	运营维护成本	低	中	高	高	高

续 表

对比指标		现代有轨电车	快速公共汽车	跨座式单轨系统	悬挂式单轨系统	自动导轨系统
环境效益	能源形式	电力	汽/柴油	电力	电力	电力
	尾气排放	无	有	无	无	无
	噪声影响	小	大	中	小	小
	空气污染	无	有	有	有	有
交通效益	对交叉口交通影响	一般	大	无	无	无
应用模式	是否作为中运量主体	国外多个城市作为中运量主体	部分城市作为应用主体之一	较多应用于接驳线、旅游线，国内重庆应用	一般不作为城市中运量主体	不作为城市中运量主体

3

有轨电车线网规划技术

3.1 有轨电车线网结构及特殊性

3.1.1 有轨电车线网结构

1. 单线:作为轨道交通的延伸

有轨电车作为轨道交通的延伸线路,主要起到构成轨道交通末端的作用。该网络结构是将有轨电车融入城市轨道交通网络中,典型案例如北京西郊线,如图 3-1 所示。

2. 环形:作为轨道交通的联络线

有轨电车与轨道交通共同形成放射环形的网络结构,或作为轨道交通联络线,有效地衔接市中心与郊区的客流,减少乘客换乘次数,节约出行时间。

典型城市是法国巴黎,其有轨电车线网布局的基本形态为环绕市区的不规则环线,配合巴黎地铁与市郊快速路放射性布局的特点;同时,有轨电车不进入巴黎市中心,在基本环线形态之外还存在着一系列的支线运营与规划,有利于区域间的运输组织与运能平衡,并且还与城际铁路与航空运输相连接,提升了综合运输效率,实现常规交通与长距离交通的有机协调。

3. 穿插网络形:与轨道交通线路相互穿插形成网络

有轨电车与轨道交通总体布局范围一致,两者共同形成了网络状骨干公交结构。但两者的服务对象和功能定位不同,轨道交通以服务中长距离出行为主,有轨电车以服务中短距离出行为主;同时,两者的建设时序往往也有差异。

典型城市如法国里昂,如图 3-2 所示,其有轨电车线网布局的基本形态与地铁相匹配属放射性布局,4 条主要线路是 T1～T4,避开地铁线网密集的西部与北部区域，主要向东部、东南和南部郊区延伸，是城市客运的重要补充。

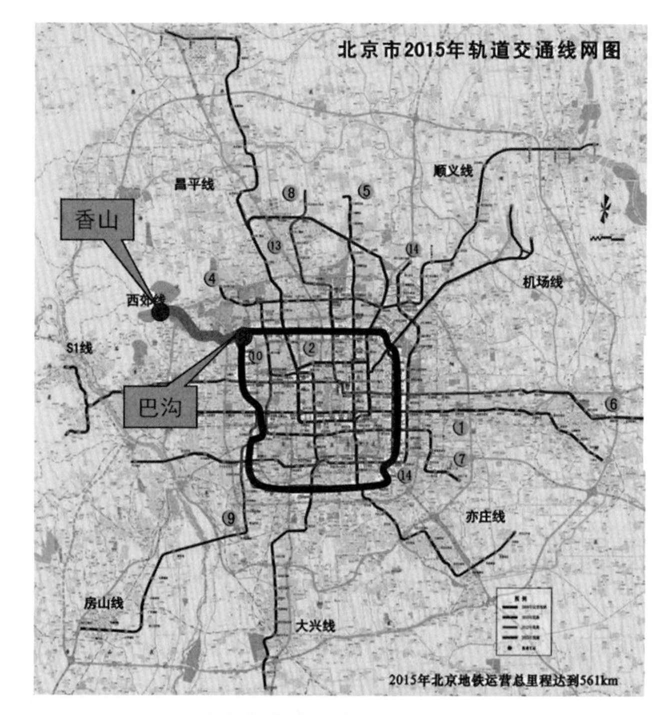

图 3-1　北京有轨电车西郊线与轨道交通网络结构

（来源：作者自绘）

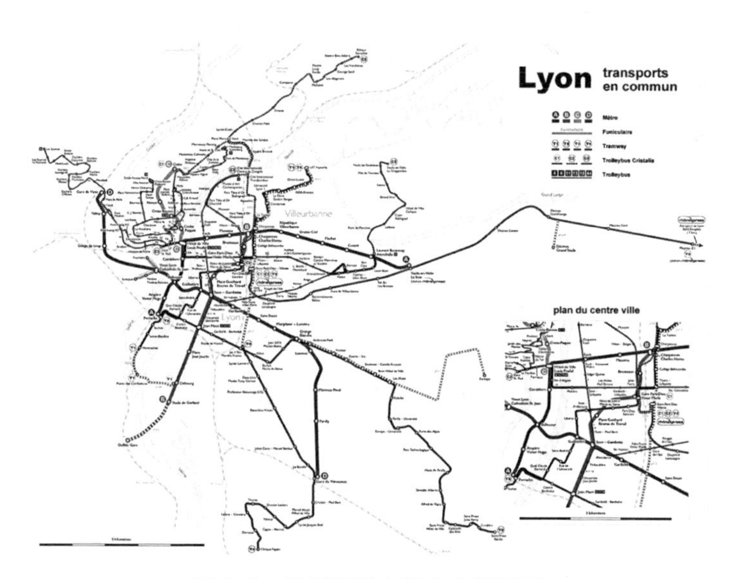

图 3-2　法国里昂有轨电车线网图

（来源：https://it. wikipedia. org/wiki/File: Lyon_-_transports_en_commun_-_Farben_nach_Linienschema_der_TCL. png）

国内相关城市或地区也有应用，同时根据轨道交通的结构以及城市空间结构，有轨电车网络结构形态有所不同。

(1) 栅格网状，如沈阳浑南新区，远期规划的 9 条有轨电车线路，全长 139.3 km，构成“地铁为主骨架，现代有轨电车为区域补充”的轨道交通系统，如图 3-3 所示。

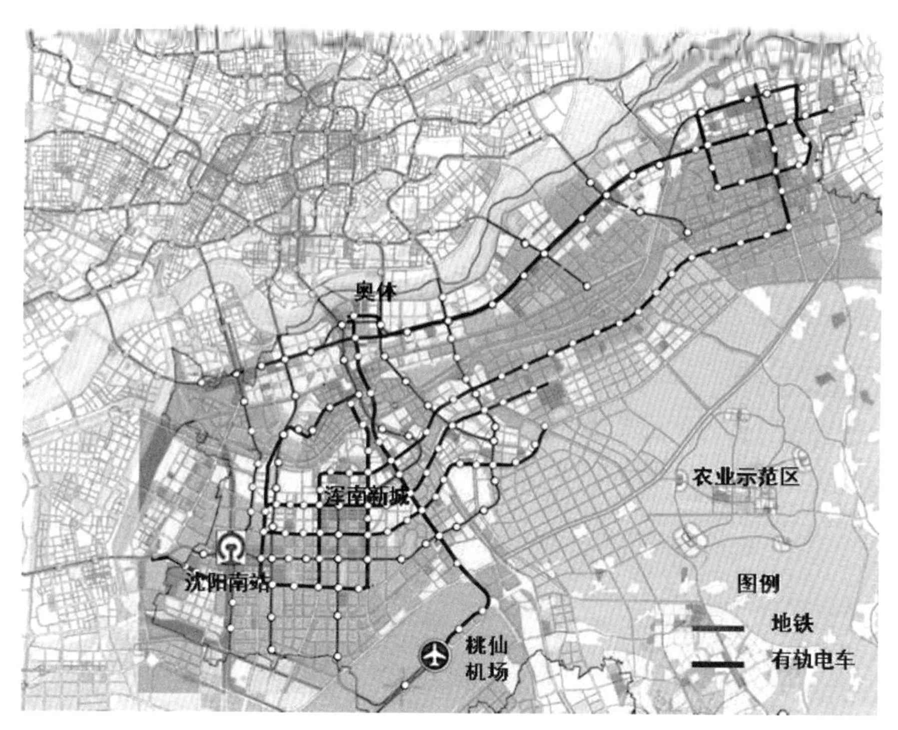

图 3-3　沈阳浑南新区有轨电车线网规划图

（来源：《沈阳有轨电车线网规划》）

(2) 放射形：如苏州相城区，规划的有轨电车线网由 5 条线组成，总长 84.1 km，共线段长 6.1 km。相应城区有轨电车网络可联系中心城与外围乡镇作为重点发展区，形成网络结构，如图 3-4 所示。

4. 独立网络型：作为骨干公交形成独立的网络

有轨电车作为新城地区或中等城市骨干公交应用模式时，能形成独立的有轨电车网络，主要有以下几种。

(1) 环+放射：国外的典型城市如蒙彼利埃和波尔多，其有轨电车的线网类似于一般的地铁线网布局，成为承担城市快速客运的主干线路，如图 3-5 所示。

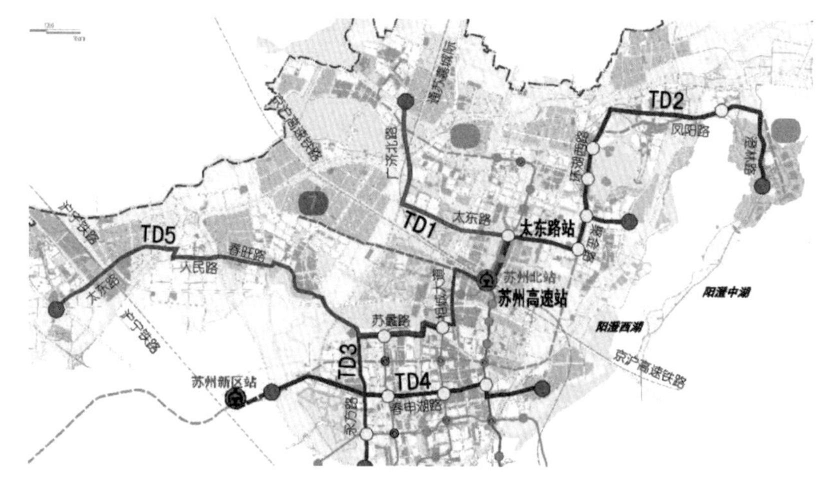

图 3-4 苏州相城区有轨电车线网规划图
（来源：上海城建设计总院《苏州有轨电车线网规划》）

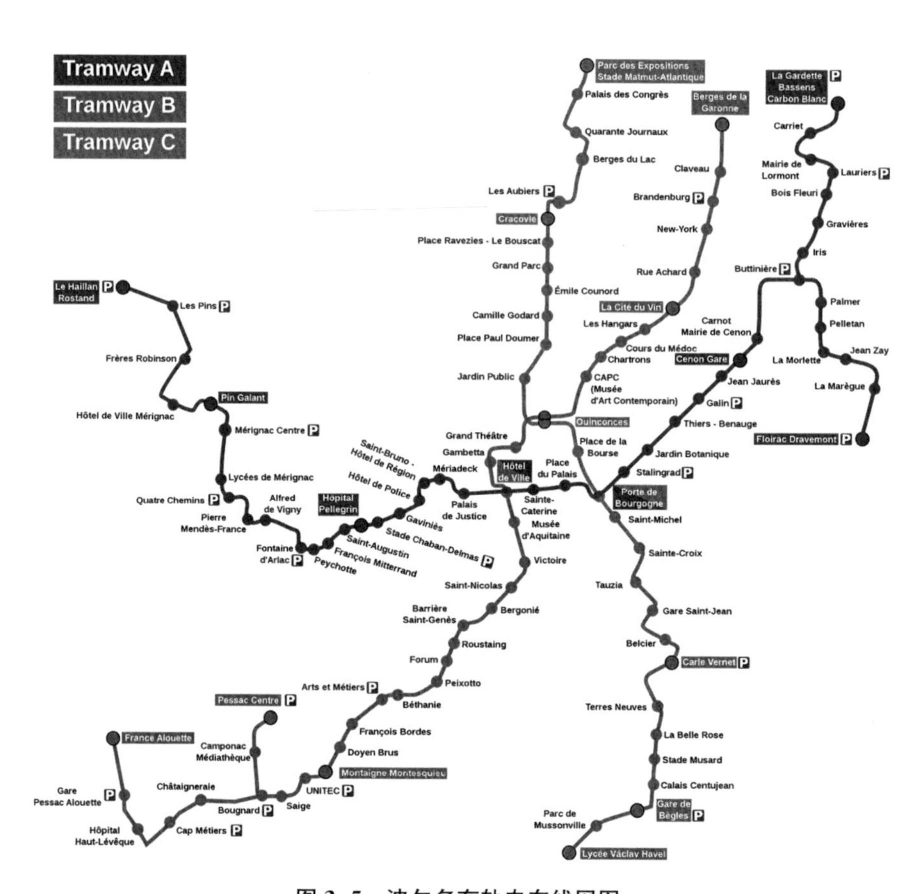

图 3-5 波尔多有轨电车线网图
（来源：https://mavink.com/explore/Bordeaux-Metro-Map）

(2) 栅格网状:上海松江有轨电车规划形成 3 条区域线和 3 条区内线,线路总规模长度约为 97 km,如图 3-6 所示。

图 3-6 上海松江有轨电车线网规划图

(来源:上海市规划和自然资源局 https://ghzyj.sh.gov.cn/ghgs/20200110/0032-605143.html)

3.1.2 有轨电车线网特殊性

与轨道交通和常规公交相比,有轨电车具有其特殊性,这也使得有轨电车线网的编制不能完全照搬和套用已有的相关规划方法,需要按照规模、走向和周边环境等开展有轨电车线网规划。

1. 与轨道交通的不同

1) 在线网布局与道路网络关系上

城市轨道交通线路采用全封闭的独立路权形式,采用地下、高架等形式,与道路交通相互影响较小;线路布局与道路网络格局具有相关性,但不完全受制于道路网络条件。有轨电车线路主要敷设在地面,在城市中总体依托于道路网络条件,且需要充分考虑对道路交通的影响和相互关系，因此线网布局的方法和思路上两者具有很大的不同。

2）在线路的长度及与用地关系上

城市轨道交通运能较大、速度较快、线路规划长度较长，对城市空间格局发展也影响很大。根据城市客运走廊的分布预测，往往是采用轨道交通贯通中心城区，甚至直接连接核心区外；轨道交通转弯半径较大，转弯位置大都需要切割地块，且结合轨道交通车站能够支撑高密度的以公共交通为导向的城市空间开发模式（Transit-Oriented Development，TOD）的用地开发建设，使轨道交通与城市用地开发之间的交互性很强。

有轨电车的运能和速度决定了线路更多是作为区域内部线路，以及轨道交通末端和横向的补充功能，一般情况下在道路红线内布设，对用地的影响力有限。因此，在有轨电车线网布设时，需要充分考虑轨道交通对有轨电车线路规划的影响，以及线路长度和未来功能定位的要求。

3）在线路的运营组织模式上

国内轨道交通系统主要采用一路一线的运营组织模式，用大小交路来适应不同断面的客流需求；在部分线路上，采用主—支线的方式，一般在初期规划设计时已确定了未来的线路运营组织，调整的余地较小。

网络化的运营组织是有轨电车线网最为重要的特点，能有效发挥有轨电车成网后的规模效益，优化车辆等资源配置。因此，在有轨电车的不同运营时期，可能根据客流需求的不同，采用不同的运行组织，这种灵活性对有轨电车线网规划的编制内容和深度要求较高。

2. 与道路公交的不同

1）在应用定位和运营组织上

从国内社会经济和客流需求来看，有轨电车更多的是定位在中运量公交层面，需要采用专用车道等半封闭路权方式。在专用车道上，从运营效率和保障安全等角度，有轨电车专用车道不能与其他车辆混行，在线路运营车辆上专有性较强。常规公交更多强调线网覆盖性差异很大。因此，在有轨电车线网规划时，要体现站点对周边服务功能以及对于其他交通方式的配合要求。

2）在工程建设和设施控制上

常规公交线网更多地强调对于道路网络的覆盖性，BRT 在主线通道确定的情况下，对于站点设置、主/支线组织、停保站场的位置等都有很大的灵活性，且近远期具有一定的可调整性。

有轨电车工程调整难度较大时,需要更多考虑有轨电车与轨道交通的相关性,做好线路相交时道岔预留等设备的研究,如较大交叉口的敷设方式、结合线网的站场用地控制等,且在关键节点和站场的区域做好近远期预留等条件。因此,在线网布局明确后,需要对有轨电车线网的关键节点进行深入研究,做好工程投资控制,才能有效指导工程建设。

3.2 有轨电车线网规划方法

3.2.1 线网规划机理研究

线网规划可分为"面" "点" "线"3 层。3 层既是 3 个不同的类别,又是 3 个不同层次的研究要素。"面"代表整体性、全局性的问题,即线网的结构和对外出口的分布形态;"点"代表局部、个体性的问题,即客流集散点、换乘节点和起终点的分布;"线"代表方向性问题,即有轨电车走廊的布局。

1. "面"层的选取

在进行线网构架方案研究时,"面"层的因素是控制构架模型和形态的决定性因素,这些因素包括城市地位、规模、形态、对外衔接、自然条件、土地利用格局以及线网作用和地位、交通需求、线网规模等特征。

从分析各外部影响因素开始,即城市群结构、各城市规模、范围以及客流的总体分布、客流特征等,着重分析线路走向及线网总体布局。在完成线网"线层"规划的基础上,再分析"点"与"点"之间的连接,通过合理的线型,使"点"与"点"间有机地结合,将"点"扩大到"面",形成线网总体构架。

"点线面要素层次分析法"采用定性和定量分析相结合,以定性分析为主的方法规划线网。所谓定性分析主要指对城市背景的深入分析,并与规划相关的城市各个专项规划相衔接,对方案工程问题进行分析论证,对远景各种边界条件作合理判断等。所谓定量分析主要利用相关模型进行预测与研究,得出最优的推荐方案。

2. "点"层的选取

客流集散点,即客流发生、吸引点和客流换乘点,是有轨电车设站服务、吸引客流的发生点。在进行有轨电车线网规划时,将主要客流集散点连接起来,有助于有轨电车吸引客流,便于居民出行。

客流集散点根据客流性质可分为以下 5 种。

(1) 交通枢纽点:如飞机场、火车站、汽车客运总站。

(2) 文化商业点:如文化体育活动中心、大型商贸购物中心。

(3) 大型居民区。

(4) 大型企业点。

(5) 经济开发区。

3. “线”层的选取

交通网络,尤其是主要交通走廊,是分析选择线路走向的基本背景。依据客流方向、已存在的和潜在的交通走廊,定性、定量分析客流规模及特性,比选线网构架。具体如下。

(1) 出于对工程实施和吸引客流的考虑,线网构架研究要为有轨电车线路选择具备良好敷设条件的交通走廊干道。

(2) 从宏观角度对交通走廊作为有轨电车线路路由的可能性进行分析和筛选,形成初步的优劣划分。城市交通走廊分析和筛选的关键原则为:选择连通性好的主客流走廊,着重研究交通走廊两侧的用地性质,尽量避免与快速路共用走廊。

(3) 交通走廊分析主要从现状条件、规划条件、主要工程难点、沿线土地利用性质、走廊在城市群中担负的功能及其对整体轨道交通线网的影响等角度进行。

3.2.2 线网规划模型构建

1. 规划模型

建立有轨电车线网规划模型:

对于给定的站点客流 OD 矩阵 $\mathbf{A}$ 和运行通道,制订有轨电车线路目标,使有轨电车系统布设达到最优。系统最优可以有多种解释:乘客出行时间最短、直达人数最多(换乘人数最多)、系统运营费用最少等。并从出行者的角度考虑问题,要求布设的线路使所有乘客的平均出行时间最短。

站点客流 OD 矩阵 $\mathbf{A}$ 的元素为 a_{ij},代表了从站点 i 至站点 j 的客流量。快速公交线路布设完毕后,出行者在任意两个站点间的行程时间为 t_{ij},行程时间指从进入站点 i 到离开站点 j 所花费的总时间,包括有可能的换乘时间。系统最优可以用函数表达为:

$$\min \overline{T} = \frac{\sum_{i}\sum_{j} t_{ij} \cdot a_{ij}}{\sum_{i}\sum_{j} a_{ij}}, \tag{3-1}$$

式中，$\overline{T}$ 为系统内乘客的平均出行时间，s；t_{ij} 为出行者在任意两个站点间的行程时间，s；a_{ij} 为从站点 i 至站点 j 的客流量，人。

如果有轨电车按单条线布线，敷设方式简单明了；为了使有轨电车系统更有效地运送客流，线路按照路网敷设，类似于常规公交。

出行者选择有轨电车出行，不仅需要了解有轨电车的换乘方式、线路长度等因素，还要了解出行时间的长短等。

有轨电车网络引入平均路径出行时间的概念，用来表征网络的运输效率。有轨电车网络平均路径的出行时间定义为任意两节点间的平均出行时间，它主要由网络的拓扑结构所决定。

$$\overline{T} = \frac{\sum_{i}\sum_{j} t_{ij}}{N(N-1)}, \tag{3-2}$$

式中，$\overline{T}$ 为有轨电车的平均路径出行时间，s；t_{ij} 为节点 i 与节点 j 之间的出行时间，s；N 为网络中的节点数。

2. 拓扑结构

首先从最简单的单条线网络进行分析。在单条线的快速公交网络中，线路对通道具有专用性，一条线路对应着一条通道。线路上的站点可分为下述 3 类。

(1) 首末站：每条线路的起终点。

(2) 换乘站：多条线路的交叉点，方便换乘。

(3) 中途站：线路中间除换乘站以外的站点。

在某些情况下，首末站也可能是换乘站，如图 3-7 所示。

单条线的网络是一个简单的连通图。一般的首末站只与邻近的一个站点相连接，中途站与邻近的两个站点连接，换乘站有 3～4 个相邻站点。由于网络中的中途站的数量占据大多数，单条线网络的平均度近似为 2，即在网络中的平均每个节点大约有 2 条连接边。同时，单条线的网络也是稀疏网络，因为其节点间的连接的总数远小于 $N(N-1)/2$，其中 N 为网络中节点的数量。单条线网络并不是小世界网络、规划网络和随机网络中的一种。如果忽略首末站和换乘站的因素外，单条线的网络类似于规划网络，但区别在于单条线的网络中不相邻的节点间没有连接边，网络的聚集

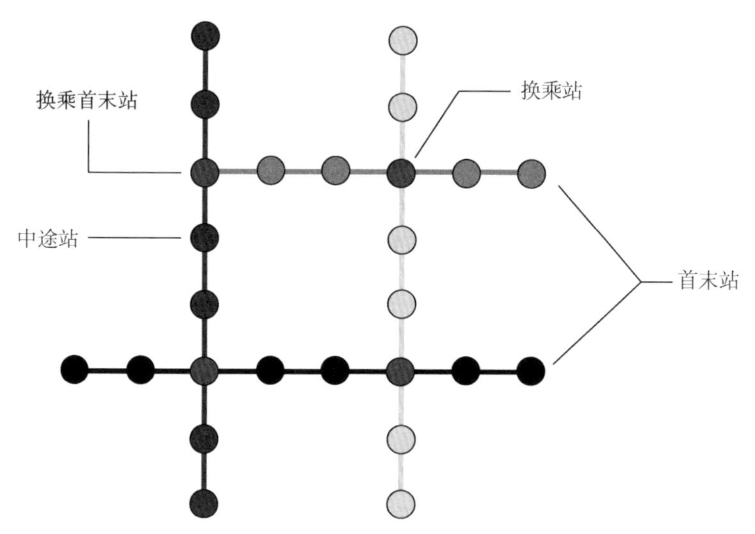

图 3-7 单条线的快速公交网络
（来源：作者自绘）

系数为零；共同点在于相距较远的节点间都没有特殊的捷径联系，客流运送必须依次经过邻近的节点，使出行者的路径、平均出行时间最大化。毫无疑问，在节点数一定的情况下，按单条线布设模式的有轨电车线路会导致系统的运转效率低下。

为了提高单线式网络的运输效率，可以增加捷径即网络化的运营组织，改变网络的拓扑结构，使之具有网络化的特征，以减少有轨电车的平均路径出行时间。在有轨电车中添加捷径与在理想图中添加捷径不同，因为有轨电车必须在通道上运行，捷径必然会与先前布设的线路共用通道，单线式网络也因而变为复线式网络，如图 3-8 所示。

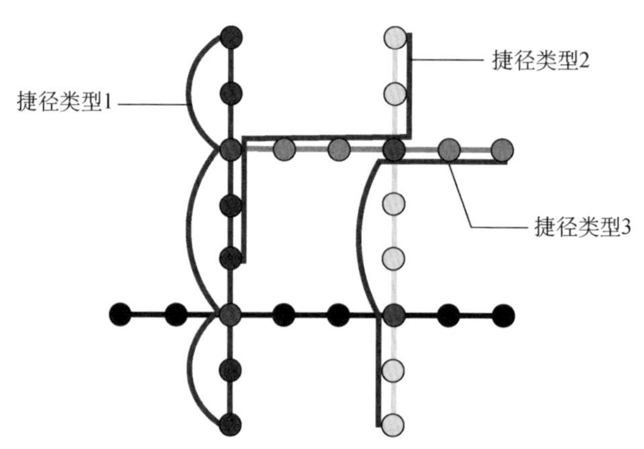

图 3-8 复线式网络中的不同捷径类型
（来源：作者自绘）

在不考虑其他因素的理想情况下，单线式网络中可以添加足够多的捷径来满足不同站点间的客流运送需求，以减少平均路径出行时间。但有轨电车网络中能添加的捷径数量是有限的。

(1) 要保持捷径的连通性。将单线式网络看作是底层网络，捷径是底层网络的基础设置。当捷径数量一定时，即资源有限时，应尽量保证捷径之间的连通性，这样才能加快整个网络的客流运送，将由捷径组成的网络称为上层网络，如图 3-9 所示。

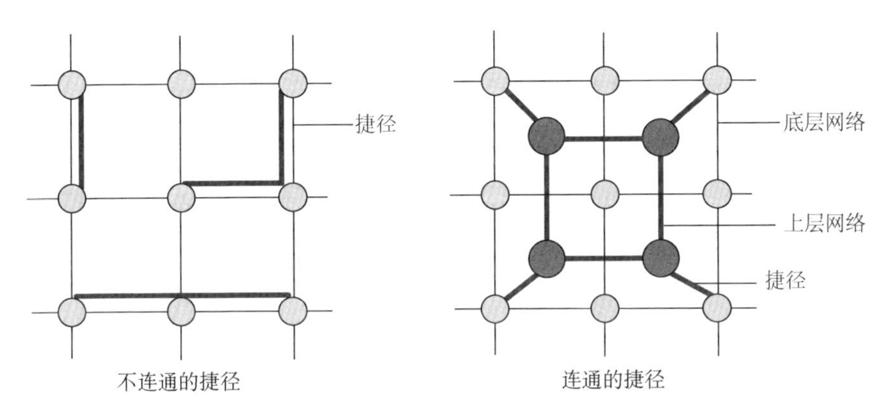

图 3-9 连通与不连通的捷径
(来源：作者自绘)

(2) 应围绕换乘枢纽来设置捷径。按照前面的论述，既然整个网络要设计成双层网络，那么网络之间的衔接就需要通过枢纽换乘。因此，换乘枢纽应作为接口，围绕换乘枢纽来布设复线式线路，如图 3-10 所示。

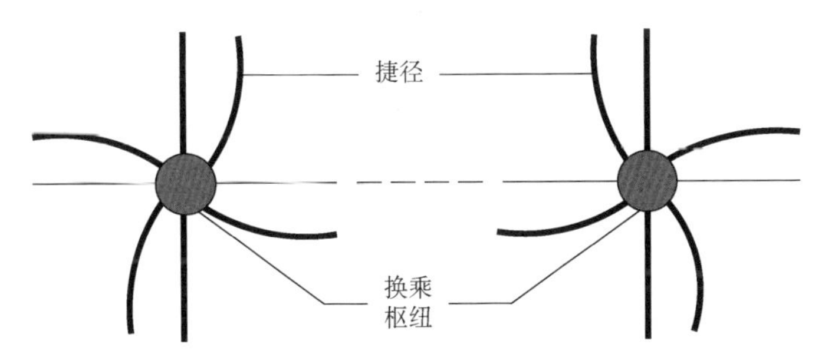

图 3-10 围绕枢纽设置捷径
(来源：作者自绘)

3. 规划流程

上文所述只是针对有轨电车网络化下的拓扑结构进行分析，在具体的线路规划时，尚应遵循以下流程：

在对有轨电车规划时，首先应立足于单线式线路，并考虑有无可能和需要设置复线式线路。如果周边条件允许的话，可以利用换乘枢纽模式优化网络；设置复线式线路必须考虑快速公交通道的最大容量。网络优化的目标是使系统的平均路径出行时间最短。

线网规划的整个流程如图 3-11 所示。

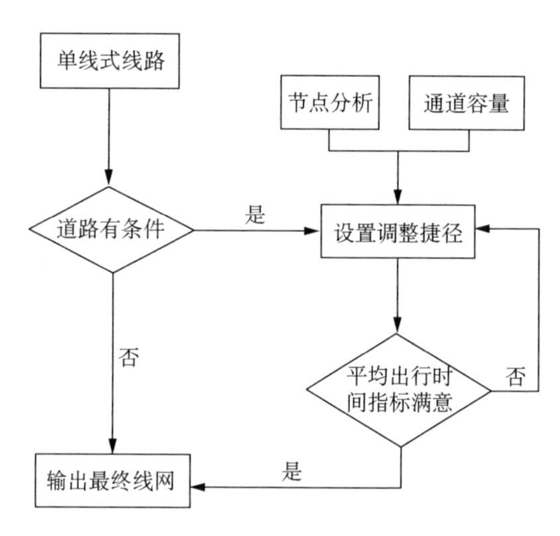

图 3-11　有轨电车线路规划流程

（来源：作者自绘）

3.2.3　基于路网配流的公交走廊分析

不管是采用面、点、线进行规划布局还是以规划模型进行定量计算研究，开展有轨电车线网规划的关键是要寻找并论证公交走廊。结合有轨电车主要布设在城市道路上，在分析公交走廊时，可以采用路网配流方式。下面以长沙湘江新区的案例分析其技术流程。

1. 交通需求得到公交客流分布

采用传统的“四阶段法”，在进行出行方式划分后，得到公交客流分布。长沙湘江新区预测规划年限的交通方式划分如表 3-1、图 3-12 所示。

表 3-1 长沙湘江新区居民出行方式结构划分

年份	步行	自行车（含电摩）	公共交通（含轨道）	小汽车	出租车
2020	29%	10%	34%	23%	4%
2030	27.5%	8%	43%	18%	3.5%

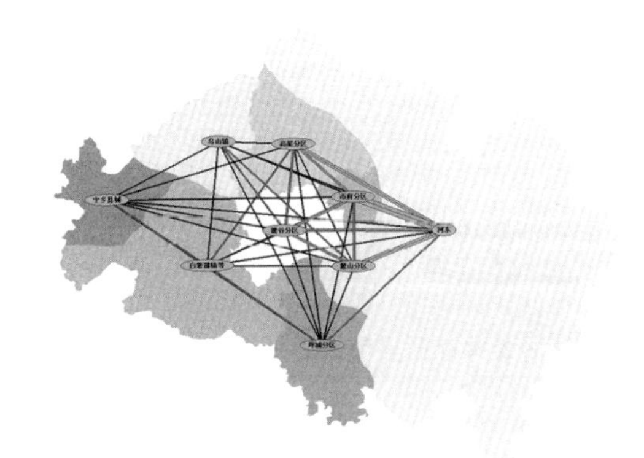

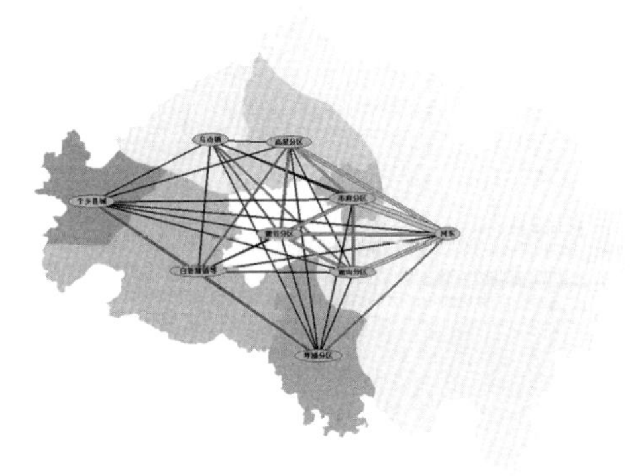

图 3-12 2020 年和 2030 年湘江新区公共交通大区期望线
（来源：《湖南湘江新区中运量 T1 线客流预测报告》）

2. 路网配流分析

将公交客流分布量采用距离最短路分配模型，即将 OD 量分配到 OD 之间距离最短的路径上来反映城市客流走廊形态，从而直观地反映预测年公交客流的空间分布情况，分析城市主要客流走廊。

在对湘江新区公交客流分布进行路网分配后，就能得到公交客流主要走廊分布情况。

图 3-13 为近期需要通过公共交通方式出行的客流在不附加公共交通线网的情况下，利用最短路径分配的结果，可以直观看出各区域之间公共交通的需求。

3. 有轨电车的适应走廊分析

在对主要公交客流走廊分析的基础上、在分析轨道交通线网布设的覆盖情况后，得到适宜有轨电车布设的走廊，如图 3-14、图 3-15 所示。

图 3-13 2020 年和 2030 年湘江新区公共交通客流走廊

(来源:《湖南湘江新区中运量 T1 线客流预测报告》)

图 3-14 湘江新区远期轨道线网方案

(来源:《湖南湘江新区中运量 T1 线客流预测报告》)

图 3-15 湘江新区有轨电车适应走廊

（来源：《湖南湘江新区中运量 T1 线客流预测报告》）

将远景年湘江新区公交出行预测走廊与轨道交通线网规划方案相叠加之后，可得到适宜有轨电车布设的廊道，为有轨电车线网布局提供了基础。

3.2.4 基于手机信令的线路优化技术

在传统的交通出行模式下，一般交通小区划分空间较大，有轨电车主要是服务近、中距离为主，其数据适用性存在不足。手机信令数据的应用，为有轨电车沿线的客流特征分析提供了必要工具，能够更好地支撑有轨电车的线路规划。

1. 手机信令数据

1）手机信令数据概念

根据移动通信网络的覆盖特性及其需提供给移动用户连续服务的功能，移动用户的手机终端会和移动通信网络主动或被动地、定期或不定期地保持着联系，移动通信网络将这些联系识别成一系列的控制指令，即为手机信令。

手机信令数据的提取主要是从移动通信系统中获取手机的切换基站与切换时间戳。每次发生手机跨区切换时，会将相关数据传至基站系统（BSC），同时上报移动业务交换中心（MSC）。通过监测 A 接口的信令，对 SS7 信令进行解析，可获得手机发生切换的数据。通常情况下一般是和通信运营商沟通协调，由其直接提供手机数据和基站数据。

手机信令数据的采集是通过移动运营商的原始信令采集系统完成。原始信令采集系统通过高阻跨接、Mc 口镜像、TAP 数据采集等方式收敛集中处理，提取 GSM 移动通信网络中特定接口（A 接口和 E 接口）的原始信令信息。通过信令解析、合成处理后，生成指定用户的手机信令位置变化信息。

2）交通适用性分析

运用手机数据进行交通出行特征分析，对其交通适用性分析如下：

（1）对通信运营商来说，信令数据主要用于分析网络的通话质量。而对交通应用来说，其所含的位置、时间信息刚好契合交通分析的需求，而且数据具有实时、高样本、连续追踪的特点，是其他采集方法难以比拟的。

（2）通过对人员的出行分析，定位到交通小区即可，并不要求知道手机用户的确切位置，所以信令数据包含的时间、位置信息能够满足分析的要求。因此，通过一定模型算法对数据进行处理，能获取所需的出行特征数据。

（3）信令数据采集对象为手机终端，而交通出行的主体人群大多为携带手机的主要使用群体，经信令数据分析得到的出行信息更能反映人员的出行特征及规律。

3）范围适用性分析

信令数据的空间分析单元基于基站小区，而基站小区覆盖有一定的空间范围，相对于手机用户的真实位置，基站切换定位技术会存在一定范围的偏差，市区一般为 50～300 m，郊区为 100～2 000 m。所以，信令数据可以表征手机用户的位置改变，相较于区域而言，信令数据在时间与空间上的偏差都在可接受范围之内，可以用于人员出行分析。

因此，从基站的精度范围来看，其远远高于传统调查下的交通小区分析，有利于更加精确地分析交通需求特征。

2. 应用案例分析

以上海浦西滨江有轨电车线路规划为例进行分析。在上海市公共交通规划模型的基础上，采用手机信令数据进行抽样分析，以细化滨江地区的交通出行特征，为有轨电车线路规划提供依据。

1）规划有轨电车通道

根据规划，在浦西滨江地区规划了一条沿滨江的有轨电车通道，以提升轨道交通对滨江地区直接覆盖不足等问题，提升滨江地区公共交通服务水平，如图 3-16 所示。

图 3-16 上海市中心城区中运量公交网络规划图

（来源：作者自绘）

在开展具体线路规划时，需要进一步细化浦西滨江有轨电车的功能定位，以及与轨道交通的关系，这就需要有更为细化的数据支撑。

2）交通出行特征

由移动终端数据分析可知，出行总量为 440.5 万人次/d，其中浦西滨江地区内部出行量 104.2 万人次/d，内部出行与对外出行的比例为 1∶3。同时，外部小区到浦西滨江的交通来源主要分布于外环线以内及浦东机场，沿滨江地区向外逐渐减少。滨江地区与外部小区的出行强度与距离基本成反比，如图 3-17、图 3-18 所示。

细分滨江地区的内部出行特征，浦西滨江内部交通联系主要以相邻区域出行为主，需求联系强度依次为：徐汇滨江内部，徐汇滨江至黄浦滨江，杨浦滨江至虹口滨江，如图 3-19～图 3-21 所示。

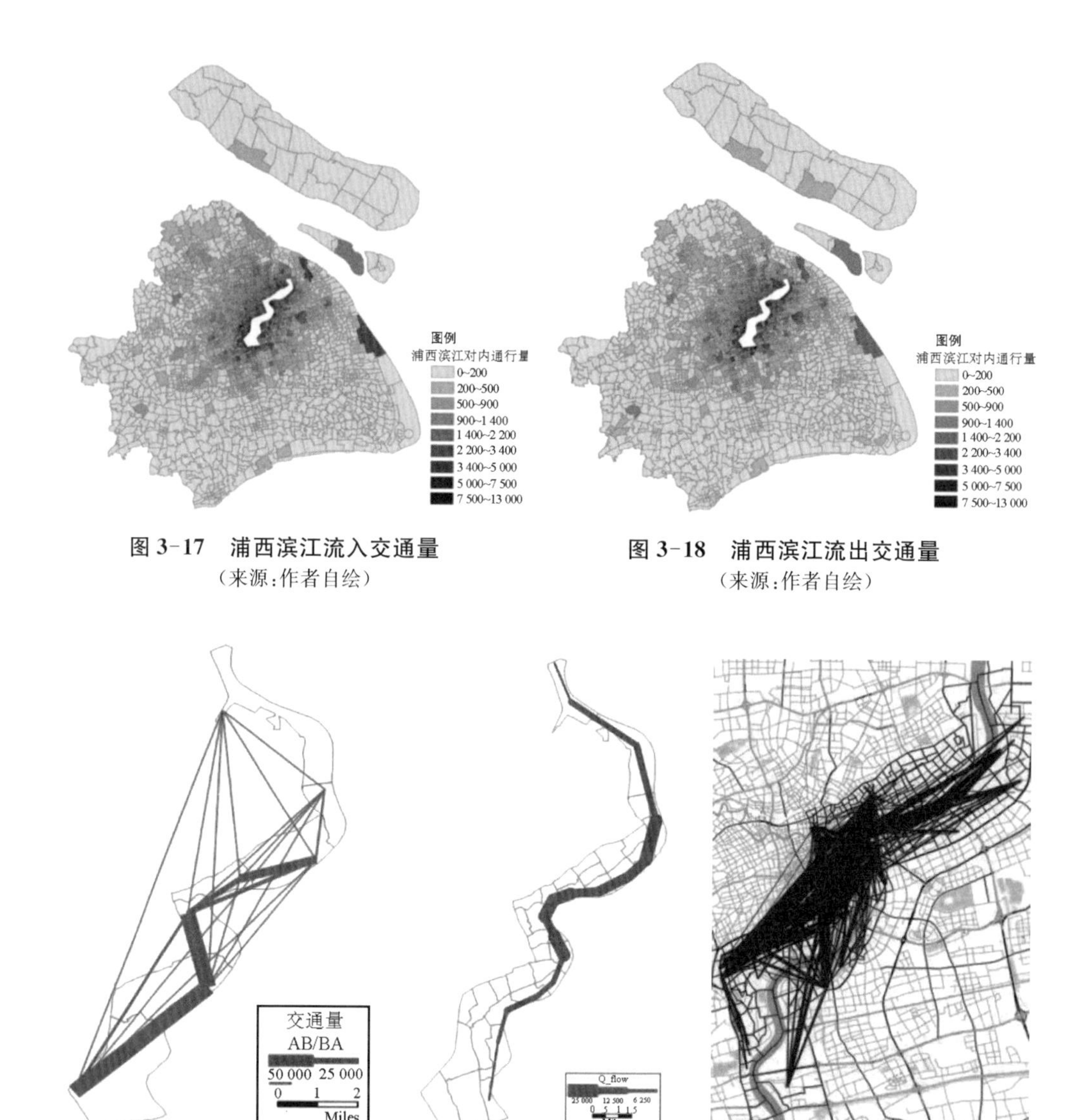

图 3-17　浦西滨江流入交通量
（来源：作者自绘）

图 3-18　浦西滨江流出交通量
（来源：作者自绘）

图 3-19　浦西滨江内部出行期望图
（来源：作者自绘）

图 3-20　浦西滨江沿江通道量级分析
（来源：作者自绘）

图 3-21　黄浦江两岸滨江地区交通联系分布图
（来源：作者自绘）

从出行的量级来看，近期的量级受部分区域尚在开发的影响，呈中段强度较大、两端强度较小状态。另外，通过手机信令数据，分析黄浦江两岸地区的交通联系。可以看出，两岸之间的具有一定的联系，尤其是北外滩、外滩、徐汇地区与陆家嘴、世博等区域。

因此，从交通出行数据分析得到的特征有：

(1) 浦西滨江的主要客流源于外部，滨江有轨电车应加强与轨道交通的衔接，更好地满足客流的需求

(2) 浦西滨江内部出行以相邻小区出行为主，其中在中段和南段的出行量最大；同时虹口与外滩等区域存在联系，有必要贯通；跨区出行量较小。

(3) 浦西滨江总体出行量级为中等量级，为提升公交服务品质等，适合采用有轨电车系统制式。

(4) 黄浦江两岸滨江地区存在直接的交通联系，结合上海规划实施的黄浦江水上巴士，浦西滨江有轨电车应加强与轮渡口之间的联系，体现有轨电车缝合两岸交通的作用和功能。

3) 浦西滨江有轨电车线路规划

在交通需求细化分析下，浦西滨江有轨电车线路规划体现了以下 3 点特征：

(1) 浦西滨江有轨电车规划为一条贯通的通道，满足相邻区域贯通联系的交通需求；

(2) 加强与滨江地区轨道交通车站、轮渡口的联系，更好地融入中心城区公共交通网络中，进一步加强两岸交通联系；

(3) 根据需求量级分析，两端采用专用路权，满足中运量公交需求。

依据此规划原则，经优化比选后，浦西滨江有轨电车线路规划组织 7 条线路，运营线路总长 86.4 km，同时适当预留与中心城区线网的衔接条件，如表 3-2、图 3-22、图 3-23 所示。

表 3-2 浦西滨江有轨电车线路运营组织线路

线路	起终点	长度(km)
T1	新江湾城—白城南路	18.7
T2	爱国路—天潼路	10.0
T3	杨树浦路—南浦大桥	8.5
T4	苏州河—卢浦大桥	7.8
T5	南浦大桥—银都路	15.1
T6	上海南站—卢浦大桥	12.3
T7	上海南站—银都路	14.0
小计	—	86.4

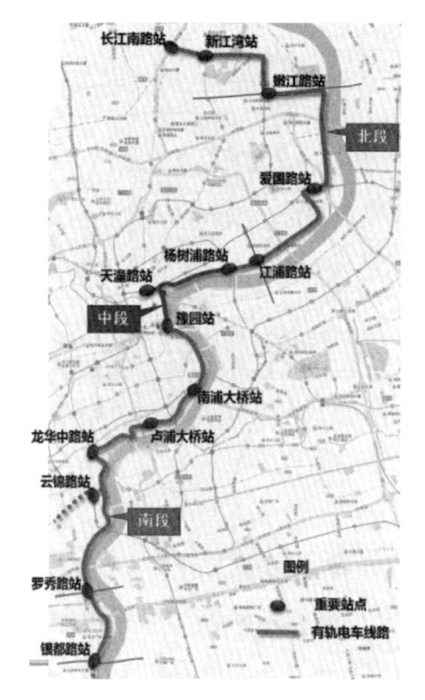

图 3-22　浦西滨江有轨电车线路走向图
（来源：作者自绘）

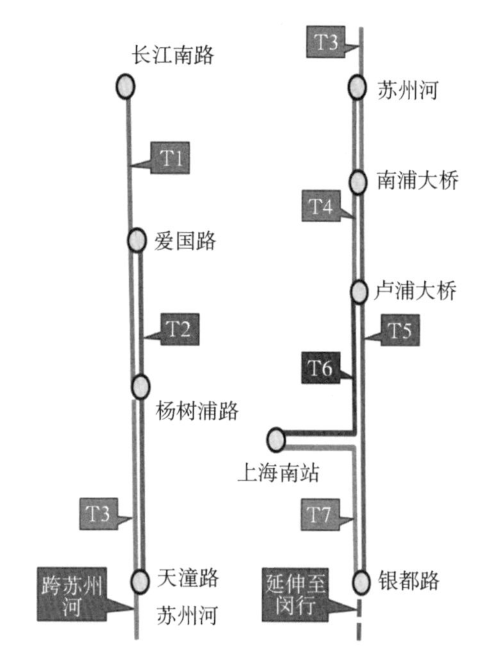

图 3-23　浦西滨江有轨电车运营组织线路图
（来源：作者自绘）

3.3　有轨电车网络评价方法

3.3.1　评价方法的选择

有轨电车线网方案的评价涉及许多因素，且各因素关系复杂，在实施综合评价时，应尽可能考虑所有涉及的因素。综合评价方法主要有：多属性决策法，使用定性和定量的多个准则进行分析；单一准则法，通常是以费用效益分析，将所有影响转化为单一的费用价值。

有轨电车线网规划涉及城市规划、经济、工程技术等，方案的评价决策是一个十分复杂的问题。由于规划是在多个方案中选择最优方案，最适合的评价方法是多属性决策的层次分析方法（Analytic Hierarchy Process，AHP）。

3.3.2 评价指标体系的建立

1. 评价项目的设定原则

为了准确体现有轨电车线网建设给城市交通、经济、未来发展带来的效益，除了使评价项目相互独立外，还需要清楚认识有轨电车线网的建设提高了公共交通的服务水平，且项目投资较大的事实。

1）评价项目的要点

（1）有轨电车线网建设不仅带来正面效益，也会带来负面效益，因此要对线网建设进行全方位的评价。

（2）评价项目相互独立。

2）评价项目的设定原则

（1）从乘客服务角度出发。作为有轨电车的乘客，关注有轨电车服务的便捷性、经济性及舒适性。

（2）从城市发展的协调角度出发。作为城市总体规划中的城市发展规划，关注线网建设影响城市发展的协调性和便捷性。

（3）从运营效果角度出发。作为建设、运营有轨电车的主体，关注线网建设的正面效果，即承担的客流量、高峰小时量；以及负面效果，即换乘系数、不均衡系数。

（4）从宏观效果角度出发。关注社会经济效果、对环境的影响以及对有轨电车线路建设的难度和费用等方面。

2. 方案评价项目体系

为了从多个角度出发，研究和明确有轨电车线网的多种效果和影响，评价项目进行体系化整理的结果如表 3-3 所示。

表 3-3 评价项目体系

<table>
<tr><td>第一层</td><td>第二层</td><td>第三层</td><td rowspan="2">评价意义</td></tr>
<tr><td>目标层</td><td>准则层</td><td>评价项目</td></tr>
<tr><td rowspan="3">有轨电车线网综合评价</td><td rowspan="3">乘客服务</td><td>有轨电车服务圈的常住人口</td><td rowspan="2">真实地反映有轨电车覆盖的人口数</td></tr>
<tr><td>有轨电车服务圈就业岗位</td></tr>
<tr><td>换乘节点数</td><td>反映有轨电车线网换乘枢纽的便捷灵活度</td></tr>
</table>

续 表

第一层	第二层	第三层	评价意义
目标层	准则层	评价项目	
有轨电车线网综合评价	与城市发展的协调	与主城区布局的协调性	反映有轨电车服务在城市中心区、副中心区的协调
		与城市外围区联系的便捷性	判断线网是否具备延伸城市外围区作用的功能
		到达对外交通枢纽的便捷性	评价线网与对外交通枢纽联系的紧密性
	运营效果	客流强度	反映分担的客流量与运营线路的均衡性
		换乘系数	反映乘客在有轨电车线网的直达性
		客流断面不均衡性	反映在同一线路不同区间里客流量的不同(空间不均衡性)
		高峰小时不均衡性	反映在同一线路内高峰小时的客流量的集中性(时间不均衡性)
	费用与效益	轨道交通建设费用	反映线网建设的经济性(建设费用)
		线网实施的难易程度	反映建设有轨电车的限制条件及施工难易度
		社会经济效果	评价有轨电车线网建设对居民公交出行的改善效果,同时也反映了整个城市综合交通网络的效益
		环境改善效果	机动车数量的减少,对环境的负面影响减小

3. 评价指标的设定和计算

1)评价指标的设定

指标是显示建设有轨电车线网的成果和运营情况,是根据社会、经济指标或者评价者的主观意识而设定。要尽量做到能在同一尺度上定量分析,对于难以定量分析的项目,则采取定性分析的方法进行评价。

对于建设线路越长评价分越高的评价项目,应将线路长度换算为单位长度进行同一标准的评价。而且,评价指标得分既有数值越高越好的情况,也有数值越低越好的情况。在评价时应明确注明其相互关系,以免发生错误。

参考不同城市对线网评价研究的经验，尽管某些指标的独立性不强，但相互有一定的关联性，能较好地反映城市自身的特点和决定有轨电车线网的主导因素。

2）评价指标的计算方法

(1) 乘客服务

在乘客服务准则层，评价指标及其计算方法如表 3-4 所示。

表 3-4 乘客服务指标计算概要

准则层	评价项目	评价指标
乘客服务	有轨电车服务圈的常住人口	有轨电车服务圈的常住人口
	有轨电车服务圈就业岗位	有轨电车服务圈就业岗位
	换乘节点数	有轨电车线网的换乘枢纽的个数

有轨电车服务圈的常住人口和就业岗位主要是站点 800 m 范围内所覆盖的人口和岗位数。换乘节点数为有轨电车线网中，有轨电车内部换乘点的数量。

(2) 与城市发展的协调

在与城市发展的协调准则层，评价指标及其计算方法如表 3-5 所示。

表 3-5 与城市发展协调指标计算概要

准则层	评价项目	评价指标
与城市发展的协调	与主城区布局的协调性	判断与城市发展的协调(定性评价)
	与城市外围区联系的便捷性	从重要地区至城市外围区的有轨电车所需时间
	到达对外交通枢纽的便捷性	城市重要地区到对外交通枢纽平均有轨电车所需时间

(3) 运营效果

在运营效果准则层，评价指标及其计算方法如表 3-6 所示。

表 3-6 运营效果指标计算概要

准则层	评价项目	评价指标
运营效果	客流强度	单位有轨电车线路长度上乘客的总量
	平均换乘系数	线网中平均换乘次数
	客流断面不均衡性	有轨电车线网各线路客流断面最大值/平均值
	高峰小时不均衡性	有轨电车线网高峰小时承担的客流量/全天流量

注：客流强度——有轨电车客流总量/线网总长。
平均换乘系数——有轨电车客流总量/有轨电车出行 OD 总量。

(4) 费用与效益

在费用与效益准则层,评价指标及其计算方法如表3-7所示。

表3-7　费用与效益指标计算概要

准则层	评价项目	评价指标
费用与效益	有轨电车交通建设项目	估算建设费用
	线网实施的难易程度	有轨电车建设空间的限制条件和施工难度的评价(定性指标)
	社会经济效果	居民平均出行时间的减少
	环境改善效果	由机动车行驶公里的减少而带来的环境改善

为避免与施工难易程度指标重复,有轨电车建设费用采用平均区间价格1.2亿～1.6亿元/km。

居民平均出行时间的总体减少值,为在无和有轨电车情况下居民搭乘公交平均出行时间之差。

环境的改善主要通过将有轨电车的客流周转量转化成机动车周转量,该周转量即为减少的机动车行驶公里数。

3) 评价评分的计算方法

为进行综合评价,并使各评价项目间的比较成为可能,有必要在统一的尺度下将评分指标值标准化。评价指标主要为:效益型指标、成本型指标。

效益型指标:数值越大,效果越好。

成本型指标:数值越小,效果越好。

设 f_i 为某一指标方案 i 的评价值,则:

效益型指标,

$$其标准值=\{f_i/\max(f_i)\}\times 100\%。$$

成本型指标,

$$其标准值=\{\min(f_i)/f_i\}\times 100\%。$$

4) 评价评分的计算

以有轨电车利用圈常住人口为例,假定评价值分别是备选方案A:70万人,备选方案B:80万人,备选方案C:75万人。其中,各个备选方案中的最大值是备选方案B的80万人。因此,各个备选方案的相对指标值是,备选方案A:87.5%,备选方案B:100%,备选方案C:93.75%,如表3-8所示。

表 3-8 评价值的标准化过程

备选方案	评价值	标准化的计算方法	相对评价值
A	70 万人	70÷80×100%=87.5%	70÷80×100%=87.5%
B	80 万人	80÷80×100%=100%	100%
C	75 万人	75÷80×100%=93.75%	93.75%

经过以上处理待选项目的每一个评价指标都被赋予统一的标准值，将待选项目所有评价指标的标准值相加，即可确定每一方案的综合评价值。综合评价值即为待选方案全面而综合的评估，其值最大者即为最好方案。

3.3.3 权重的确定

权重的确定对于方案评价的意义重大，需认真、慎重决策，因权重的不同往往会导致方案的评价结果大相径庭。为了确保每一个指标权重的科学合理性，有轨电车线网评价指标的权重由专家咨询意见结合层次分析法来确定，最终确定的有轨电车线网待选方案评价指标权重，如表 3-9 所示。

表 3-9 评价指标权重

第一层 目标层	第二层 准则层	第三层 评价项目	评价指标	权重
有轨电车线网综合评价	乘客服务(21.85%)	有轨电车服务圈的常住人口	有轨电车服务圈的常住人口	8.74%
		有轨电车服务圈就业岗位	有轨电车服务圈就业岗位	8.94%
		换乘节点数	有轨电车线网换乘枢纽的个数	4.17%
	与城市发展的协调(28.86%)	与主城区布局的协调性	判断与城市发展的协调(定性评价)	10.8%
		与城市外围区联系的便捷性	从重要地区至老城区的有轨电车所需时间	9.74%
		到达对外交通枢纽的便捷性	从城市重要地区到对外交通枢纽平均有轨电车所需时间	8.32%

续 表

第一层	第二层	第三层	评价指标	权重
目标层	准则层	评价项目		
有轨电车线网综合评价	运营效果(25.55%)	客流强度	单位有轨电车长度上的乘客总量	8.03%
		换乘系数	线网平均换乘次数	6.74%
		客流断面不均衡性	有轨电车线网各线路客流断面最大值/平均值	5.47%
		高峰小时不均衡性	轨道线网高峰小时承担的客流量/全天流量	5.31%
	费用与效益(23.74%)	轨道交通建设费用	估算建设费用	7.01%
		线网实施的难易程度	有轨电车建设空间限制条件和施工难度的评价(定性指标)	4.34%
		社会经济效果	居民平均出行时间的减少	6.25%
		环境改善效果	由机动车行驶车公里的减少而带来的环境改善	6.14%
合计				100%

3.3.4 综合满意度函数

综合满意度函数为待选方案的最后得分，通过综合满意度函数值可确定最终方案，计算公式如下。

各准则层综合满意度 u_i：

$$u_i = \sum_j W_{ij} \times f_{ij}, \tag{3-3}$$

式中，W_{ij} 为第 i 个准则层、第 j 个指标在准则层 i 中的权重；f_{ij} 为第 i 个准则层、第 j 个指标的标准化得分。

整体综合满意度 U：

$$U = \sum_i W_i \times u_i, \tag{3-4}$$

式中，W_i 为准则层 i 的权重；u_i 为准则层 i 的标准得分。

最后通过对 U 值的大小比较，确定最优方案。

4

有轨电车运营组织规划技术

4.1 有轨电车客运通行能力计算方法

4.1.1 客运通行能力模型研究

1. 客运通行能力模型

有轨电车客运通行能力，是指在单位时间内，在一定运行条件下，有轨电车能够运送的乘客数，由线路通行能力与车辆载客容量之积组成：

$$P = T \times C, \tag{4-1}$$

式中，P 为有轨电车的客运通行能力，人/h；T 为有轨电车的线路通过能力，辆/h；C 为有轨电车的车辆载客容量，人/辆。

2. 线路通行能力

1）基础计算公式

线路通行能力是指单位时间能够通过的最多车辆数。在不考虑线路条件情况下，主要受车站停站时间的影响，即车辆最小发车间隔时间，受车辆进出车站的时间控制。线路通行能力计算公式如下：

$$T = \frac{3\ 600}{t_l} = \frac{3\ 600}{t_c + t_d + t_{om}}, \tag{4-2}$$

式中，t_l 为车辆的最小间隔时间，s；t_c 为进站清空时间，s；t_d 为车站平均停靠时间，s；t_{om} 为运营裕量，s。

进站清空时间是指站台需要等待一辆有轨电车完全驶离后，并与站台末端保持一定的安全距离时所需的安全时间。借鉴轨道交通中在车站位置处的移动闭塞安全间隔时间进行计算。

$$t_c = \frac{L + S_{mb}}{v_a} + \frac{100}{f_{br}}\left(\frac{v_a}{2d}\right) + t_{jl} + t_{br}, \tag{4-3}$$

式中，L 为车辆的长度，m；S_{mb} 为清空时后车距车站末端的最小安全距离，m；v_a 为车辆进站速度，m/s；f_{br} 为安全制动系数，在最不利情况下一般可取 75%；d 为减速加速度，m/s^2；t_{jl} 为由于紧急制动而导致的时间损失，取 0.5 s；t_{br} 为制动系统反应时间，可取 1.5 s。

取安全距离 $S_{mb}=10$ m，进站速度 $v_a=4$ m/s，减速加速度最大 $d=2.8\ m/s^2$，分别计算出不同车辆长度下的进站清空时间，如图 4-1 所示。因此，对于单辆车可取 15 s，重连车辆可取 23 s。

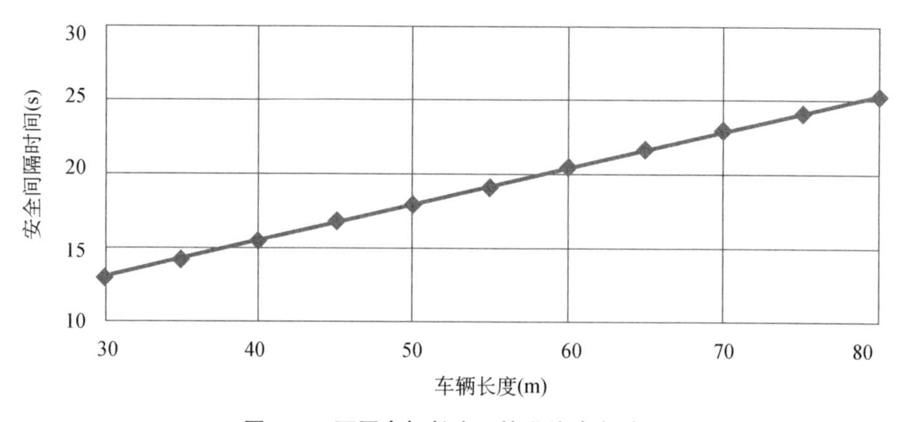

图 4-1 不同车辆长度下的进站清空时间

（来源：黎冬平. 有轨电车客运通行能力计算方法[J]. 交通运输研究，2020，6(06)：55-61.）

有轨电车的车站停靠时间受车辆开门速度、车长等因素影响；不同的车站设置其有轨电车在车站的停靠时间是不同的，这与车站的乘客需求量的波动有关。车辆停靠时间波动性对线路通行能力的影响可用停靠时间波动系数（c_v）表示，即停靠时间与平均停靠时间比值的标准差。当 $c_v=0$ 时，表明所有的停靠时间相同；当 $c_v=1.0$ 时，停靠时间的标准差与停靠时间的均值相同。停靠时间的波动系数通常在 0.4～0.8 之间。

在线路通行能力的分析中引入进站失败率的概念，有轨电车单个站位系统进站失败率应控制在较低的水平。在停靠时间和安全间隔时间中加入运营裕量以确保进站失败率不超过期望值。在停靠时间服从正态分布曲线时，各参数之间存在以下关系：

$$t_{om} = Z c_v t_d \tag{4-4}$$

式中，Z 为满足期望进站失败率的标准正态变量。不同进站失败率对应的 Z 值如表 4-1 所示。

表 4-1 给定进站失败率所对应的 Z 值

失败率	1.0%	2.5%	5.0%	7.5%	10.0%	15.0%
Z	2.330	1.960	1.645	1.440	1.280	1.040

因此，在不考虑交叉口影响时，控制进站失败率在 2.0%以下时，可计算得到有轨电车单辆车与重连编组下的线路通行能力，如表 4-2、图 4-2 所示。

表 4-2 不考虑交叉口影响下有轨电车线路通行能力

停站时间(s)	线路通行能力(辆/h)	
	单辆车	重连车
20	55	49
25	47	42
30	40	37
35	36	33
40	32	30

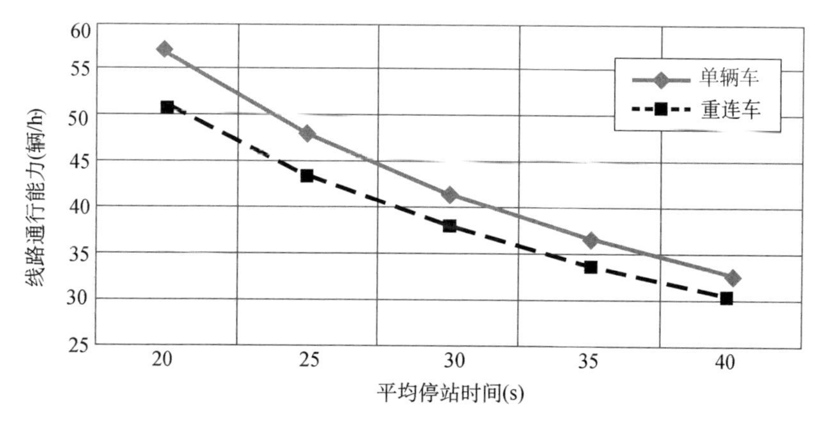

图 4-2 不同平均停站时间下的有轨电车线路通行能力

(来源：黎冬平. 有轨电车客运通行能力计算方法[J]. 交通运输研究，2020，6(06)：55-61.)

2）无信号协调下的线路通行能力

在交叉口无信号协调控制时，有轨电车到达交叉口是随机的，最不利节点是在设车站的交叉口，最大等待时间可能是车辆上完客后到达路口需要等待红灯的时间。由于车辆在交叉口等待红灯的时间也是随机的，将车辆停站时间与在交叉口等红灯的时间之和作为变换的平均停靠时间：

$$t_{dr}=t_d+t_r, \tag{4-5}$$

式中，t_{dr} 为车辆上下客的停靠时间与在交叉口等待时间的平均值，s；t_r 为车辆在交叉口的平均等待时间，s，在无信号协调控制时，认为有轨电车随机到达交叉口，t_r 的计算见式(4-6)：

$$t_r=\frac{(1-g/c)^2}{2}\times c, \tag{4-6}$$

式中，g/c 为有轨电车线路通行相位的绿信比；c 为交叉口信号周期时长，s。因此，绿信比 g/c 越大，t_r 越小；信号周期时长 c 越长，t_r 越大。

将式(4-5)、式(4-6)代入式(4-2)后，可计算出不同信号周期时长和绿信比下，有轨电车的线路通行能力如表 4-3 所示。

表 4-3　信号控制交叉口下的有轨电车线路通行能力

信号周期时长(s)	单辆车，平均停站时间 $t_d=25$ s			重连车，平均停站时间 $t_d=30$ s		
	$g/c=0.2$	$g/c=0.3$	$g/c=0.4$	$g/c=0.2$	$g/c=0.3$	$g/c=0.4$
60	28	30	33	24	26	28
80	25	27	31	21	24	26
100	22	25	28	20	22	24
120	20	23	26	18	20	23
140	18	21	25	17	19	22
160	17	20	23	15	18	20
180	16	18	22	14	17	19
200	15	17	21	13	16	18
220	14	16	20	13	15	18
240	13	15	19	12	14	17

从计算结果可以看出，交叉口信号周期越长，线路通行能力越低；绿信比越低，

线路通行能力越低；同时车辆越长，线路通行能力越低。在 2 min 的信号周期下，交叉口信号无协调控制时，单辆车的线路通行能力为 23 辆/h，如图 4-3 所示；而重连车的线路通行能力为 20 辆/h，如图 4-4 所示。

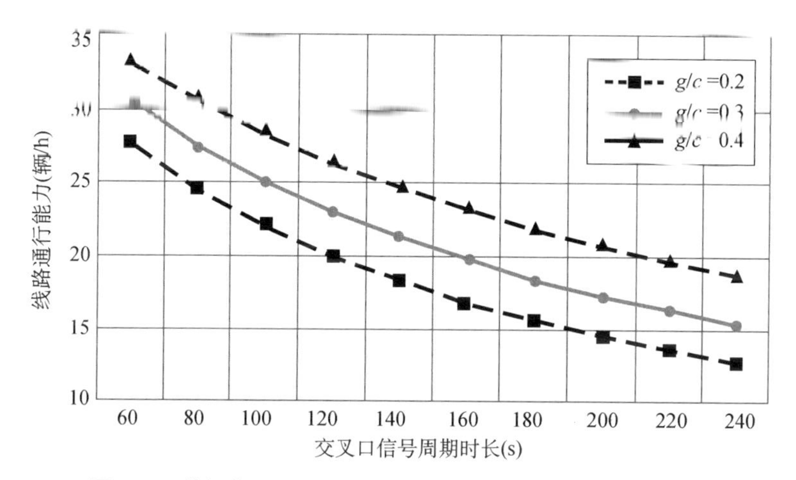

图 4-3　单辆车下不同信号周期时的线路通行能力(t_d＝25 s)

（来源：黎冬平. 有轨电车客运通行能力计算方法[J]. 交通运输研究，2020，6(06)：55-61.）

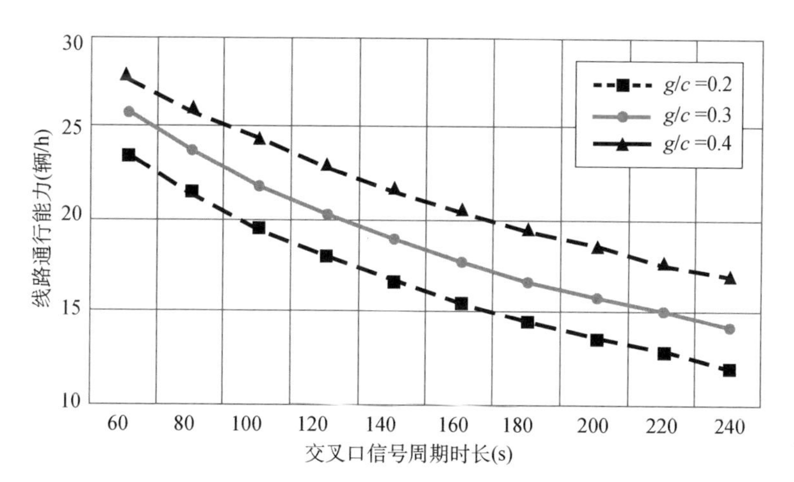

图 4-4　重连车下不同信号周期时的线路通行能力(t_d＝30 s)

（来源：黎冬平. 有轨电车客运通行能力计算方法[J]. 交通运输研究，2020，6(06)：55-61.）

3）绝对信号优先下的线路通行能力

有轨电车在交叉口能够实现绝对信号优先时，可以看成是全封闭路权，此时线路通过能力主要受平均停站时间的影响，与交叉口的信号周期与配时无关。

4）信号协调控制下的线路通行能力

将有轨电车的发车时间与信号周期进行协调控制，目标是使得车辆在满足停站时间要求下实现“绿波”协调控制。主要存在2种情况。

（1）交叉口能够满足有轨电车“绿波”协调

此时车辆的最小间隔时间取值：

$$t_l = \max\begin{cases} t_c + t_d + t_{om} \\ c_g \end{cases}, \tag{4-7}$$

式中，c_g 为交叉口“绿波”协调控制的共同信号周期时长，s。

在这种情况下，车辆的发车间隔时间应与“绿波”协调的共同信号周期相同，在一个信号周期内只有一辆有轨电车通过。同时要实现信号优先的协调控制，与交叉口间距、绿信比等多因素相关。

此时，计算不同信号周期下有轨电车的线路通行能力，如图4-5所示。

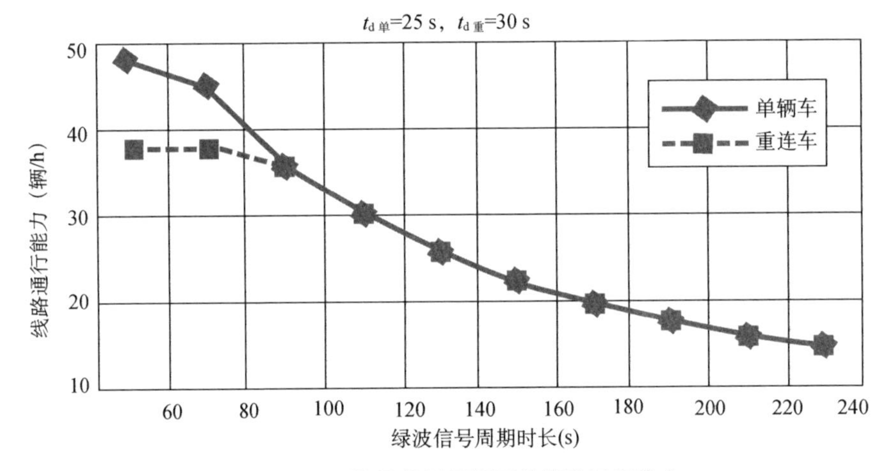

图4-5 不同信号共同周期下的线路通行能力

（来源：黎冬平. 有轨电车客运通行能力计算方法[J]. 交通运输研究，2020，6(06)：55-61.）

在信号协调控制下，单辆车的最小信号周期时长为75 s；重连车的最小信号周期时长为95 s。在信号周期时长更大时，线路通行能力需要依照信号周期控制发车间隔，在采用单辆车和重连车的情况下，线路通过能力相同。

（2）交叉口不能满足有轨电车“绿波”协调

在这种情况下，部分交叉口不能满足“绿波”协调通过，即在该交叉口有轨电车有可能需要等待，此时需要核算在该交叉口的平均等待时间，并变换平均等待时间，从而可计算是否能够满足发车间隔需求。

在信号周期过大时，可以通过不在交叉口设站来提高线路通行能力。但由于站点的设置主要受需求决定，而不能由交叉口来决定，同时分开设站后可能影响到有轨电车的运营速度。因此，在部分交叉口设置立交形式成为非常现实的选择，即取消最小间隔时间中的选项后，来提升该交叉口处的线路通过能力。

3. 车辆的载客容量

车辆载客容量是由车辆定员和高峰小时利用率综合确定的。

$$C = C_0 \times \delta, \tag{4-8}$$

式中，C_0 为有轨电车的车辆定员，人/辆；δ 为高峰小时利用系数。

车辆定员与车辆空间、站立标准、座位数等有关。国内站立标准一般取 6 人/m^2，2.65 m 宽的五模块车辆定员约为 300 人/辆，七模块车辆约为 400 人/辆。

高峰小时利用率是指在实际运营时，能够实际利用定员数的比例。受车厢内站立的不均匀性、每辆车载客人数的不均匀性以及车内人员流动性等影响，车辆越长，高峰小时利用率越小。对于单辆车高峰小时利用率可取 0.9，重连车高峰小时利用率可取 0.85。

4. 客运通行能力

在得到以上的相关参数后，可以计算得到不同典型情况下的有轨电车客运通过能力。

1）无信号协调控制下的客运通行能力

以有轨电车线路通行交叉口所在相位的绿信比取 0.3，以典型的五模块车辆和两辆五模块车辆重连，分别计算不同交叉口信号周期时长下的客运通过能力，如图 4-6 所示。

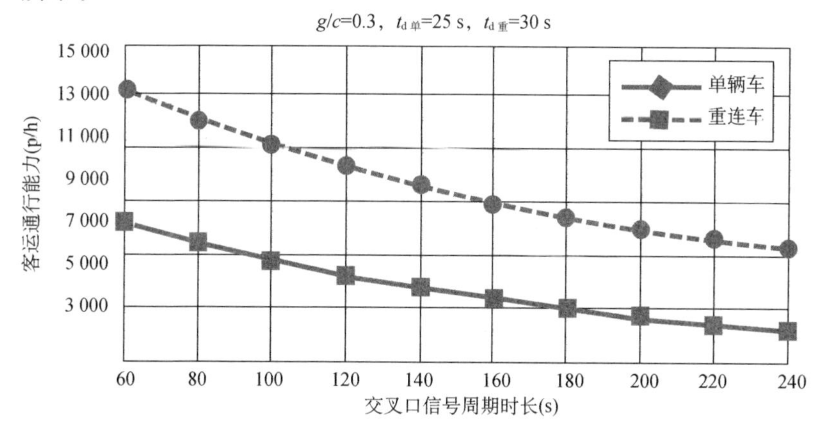

图 4-6 无信号协调控制时有轨电车客运通行能力

（来源：黎冬平. 有轨电车客运通行能力计算方法[J]. 交通运输研究，2020，6(06)：55-61.）

因此，在无信号协调控制时，信号周期时长一般超过 120 s，单辆五模块车的客运能力在 6 000 人/h 左右；重连车的客运能力在 10 000 人/h 左右。

2）信号全协调控制下的客运通行能力

在实现了信号全协调控制时，有轨电车按照各个周期的时序通过，计算典型车辆的客运通行能力，如图 4-7 所示。

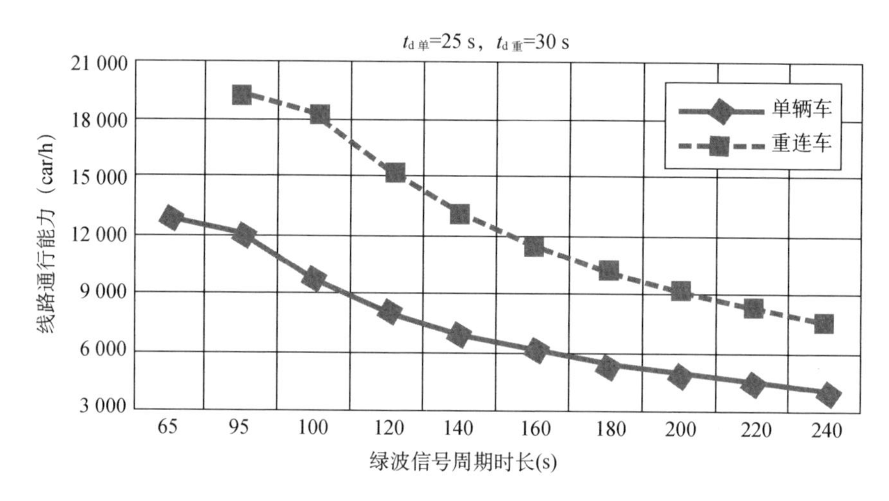

图 4-7 信号全协调控制时有轨电车客运通行能力

（来源：黎冬平. 有轨电车客运通行能力计算方法[J]. 交通运输研究，2020，6(06)：55-61.）

因此，在信号全协调控制时，单辆五模块车的客运能力在 8 000 人/h 左右，重连车的客运能力接近 15 000 人/h；通过信号协调控制能够大大提高有轨电车的客运通行能力。

3）信号协调控制的效益

对比实现了信号全协调控制和无信号协调控制时的客运通行能力的提升比例，如图 4-8 所示。

从图 4-8 中可以看出，信号周期越短，“绿波”协调控制对客运能力的提升效益越大，且重连车相对单辆车的效益更为明显。主要原因是信号周期时长较短时，车辆发车间隔较小，与信号之间不协调控制，需要的运行裕量所占比例越大，对客运能力的影响越大。在信号周期时长在 120 s 时，提升的效率在 30%～40%。而随着信号周期时长的增加，信号协调控制对客运通行能力的效益越小；但协调控制下，将提高车辆的运营速度。

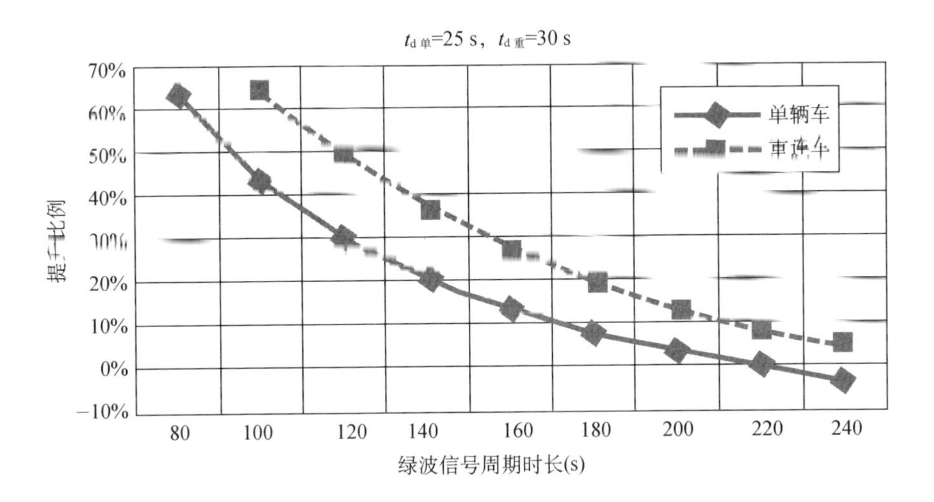

图 4-8　信号全协调控制对客运通行能力的提升效益
（来源：黎冬平.有轨电车客运通行能力计算方法[J].交通运输研究，2020，6(06)：55-61.）

4.1.2　通过能力对规划的指导

从客运能力的计算过程可以看出，有轨电车客运能力关键受制于交叉口信号周期的时长。信号周期时长越长，有轨电车的通行能力越低。有轨电车的规划设计需要很好地协调两者的关系。

根据有轨电车的客流量计算得到的发车间隔，以及在关键交叉口的交通流量下计算得到的信号周期时长；当交叉口信号周期时长必须大于发车间隔时，则应采取必要的措施满足两者的匹配。可以采用的措施包括：

(1) 有轨电车增加车辆编组长度，从而增加发车间隔，以匹配关键交叉口的信号周期时长。该方法对于近远期的适应性比较好，但需要预留好有轨电车站台的长度。

(2) 有轨电车采用高架或地道跨越该交叉口，实现两者的分离。该方法规避了与关键交叉口的交叉，但若同时需在该处设站，则需要采用高架或地下车站。

(3) 道路交通主流向采用立体分离方式，从而减少地面交叉口的交通流量，降低信号周期配时，实现有轨电车发车间隔与信号交叉口周期时长的匹配。

4.2　有轨电车信号优先控制规划

4.2.1　有轨电车信号控制影响因素

1）发车间隔与信号周期的协调

发车间隔是影响有轨电车信号优先的重要控制因素，发车间隔影响到达路口的间隔，到达路口的间隔影响信号优先的效果。

由于有轨电车运行过程中的波动，包括站点停靠时间、途经交叉口的延误时间等的随机性，导致车辆到达下游交叉口的时刻具有很大的随机性，如图 4-9 所示。车辆可能在红灯期间到达（t_{k+1}），也可能在相位切换期间到达（t_k）等。

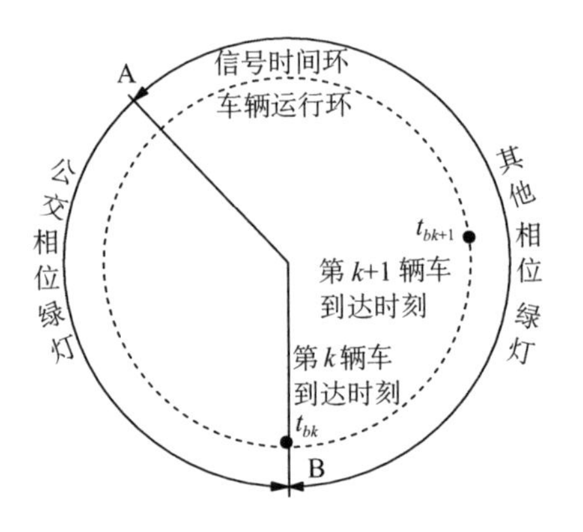

图 4-9　信号优先申请到达的随机性
（来源：作者自绘）

同样，信号优先的效果也会反过来影响发车间隔。对一条有轨电车线路来说，发车间隔主要跟客流需求有关，客流量越大，发车间隔越小。在实际工程建设和运营中，往往是先确定配车数，再计算发车间隔。因此信号优先的效果，直接影响发车间隔的最优化安排能否实现。

2）相邻交叉口间的协调关系

相邻交叉口间的协调关系需要协调背景交通信号以及相邻交叉口信号，即信号优先方案不能打断背景交通的信号协调，同时不能忽视相邻交叉口信号优先的协调，否则将导致信号优先失效。

3）背景交通控制方案的可调性

采用信号优先后，由于调整信号配时占用了其他相位的时间，会增大背景交通的延误。因此是否能利用信号优先、信号优先的程度多大应考虑对道路内其他交通方式的影响程度，如果导致综合交通延误增大到不能接受的范围时，就不能使用信号优先的措施

4.2.2　单点交叉口信号优先控制策略

1）延长绿灯时间

延长绿灯时间也称为延长优先通行，对具有通行权的特种车，将绿灯时间作固定时长的延长，或将绿灯时间的延长设定一极限值，主要适用于车辆在绿灯未到达停车线，车辆通过交叉口后，控制系统恢复原有信号配时，如图 4-10 所示。

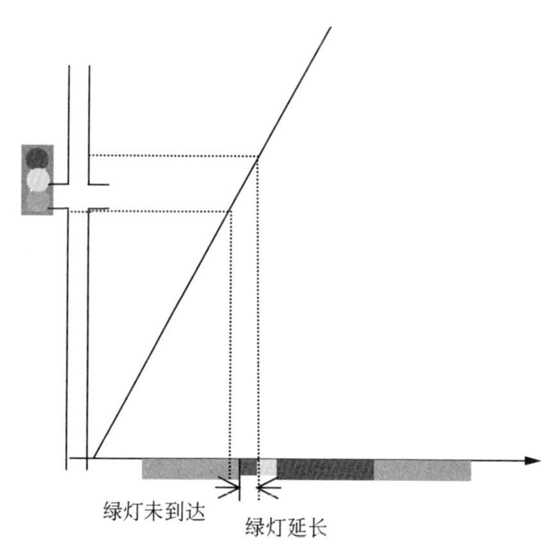

图 4-10　延长绿灯的信号优先控制策略

（来源：作者自绘）

2）提前终止红灯时间

若在该相位红灯时间中期检测到有轨电车到达时，则停止红灯显示，转换为绿灯信号。这种情况下要注意最小绿灯时间的设置，否则绿灯时间过短容易影响交通安全，如图 4-11 所示。

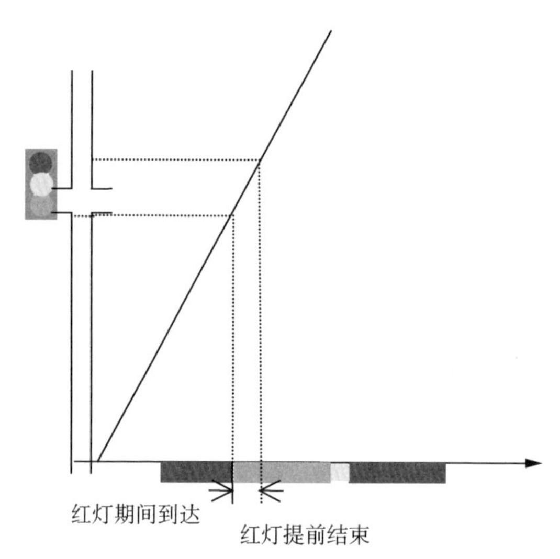

图 4-11 红灯提前终止的信号优先控制策略

（来源：作者自绘）

3）插入绿相位

如果有轨电车在信号灯为红灯时到达交叉口，并且下一个相位仍然不允许车辆优先放行时，要实现车辆信号优先必须在目前相位和下一个相位之间插入一个优先专用绿相位，以确保优先车辆顺利通过交叉口，如图 4-12 所示。

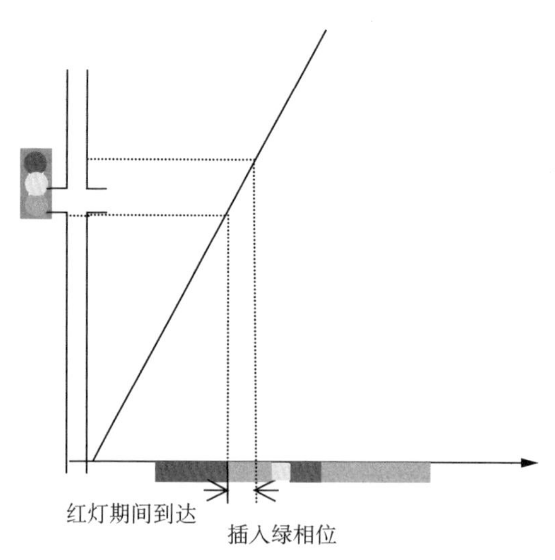

图 4-12 插入绿灯相位的信号优先控制策略

（来源：作者自绘）

4.2.3 基于“绿波”的交叉口信号优先控制策略

1）信号优先控制策略

基于“绿波”的信号优先控制方案是通过调整相邻交叉口的绿时差来实现的，根据路段上的车速与交叉口的间距，确定合适的绿时差，使上游交叉口上绿灯启亮后开出的车辆以适当的车速行驶，可以恰好在下游交叉口绿灯启亮时到达，如此车辆在连续若干个交叉口都可以恰好在绿灯时间到达，形成“绿波”区间，如图 4-13 所示。

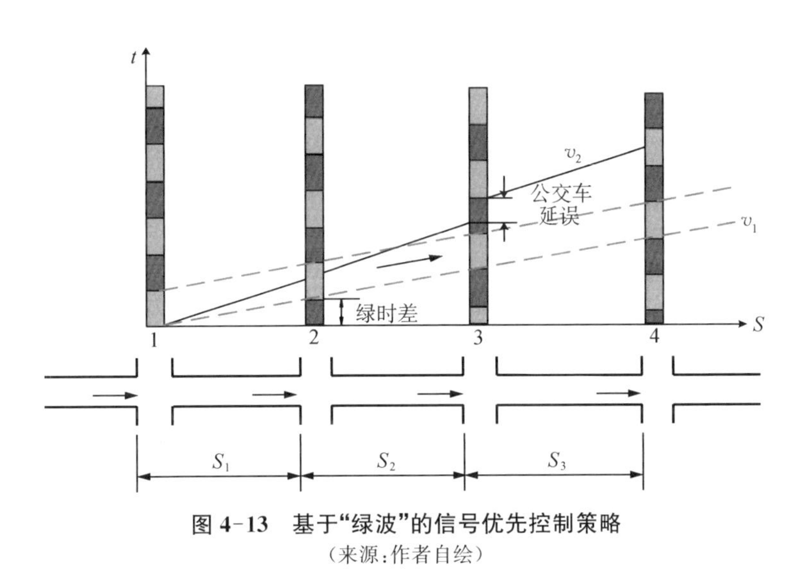

图 4-13 基于“绿波”的信号优先控制策略
（来源：作者自绘）

区域协调控制系统的建设，能够很好地协调相邻交叉口的社会车辆，从而更好地适应各个交叉口之间的“绿波”通行。从提高整个区域信号控制效率的角度考虑，应当在城市建设一套完整的智能信号控制系统，既可以根据交通流量进行自适应调整，又可以使区域内交叉口之间进行相互协调，从而提高整个城市道路交叉口的通行能力。其中，单点信号优先控制是实现“绿波”协调信号优先控制的基础。

2）信号优先技术路线

信号优先的技术路线为通过分析现状交通特征及有轨电车实施后道路交通状况，结合有轨电车运营组织方案，制订本工程信号控制策略；在策略的技术上，分析相对应的信号控制目标。以控制策略和控制目标为基础，研究信号控制总体方案。

通过方案评价分析方案是否合理及符合制订的控制目标，经过层层优化，得出最终的实施方案,如图 4-14 所示。

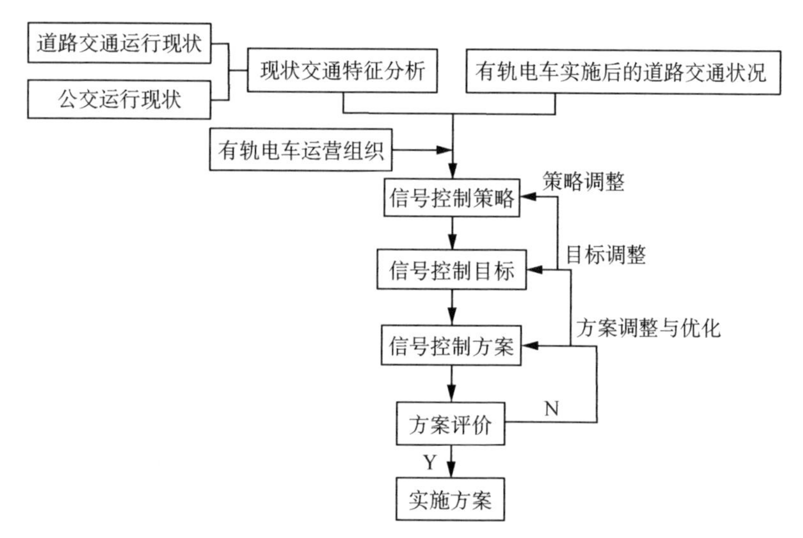

图 4-14 信号优先控制的技术路线图
(来源:作者自绘)

4.3 有轨电车网络化运营组织技术

4.3.1 网络化运营组织模式与特征

1) 线路组织模式

有轨电车的线路运营组织模式有 2 种。

(1) 独立运营模式:在固定轨道上,只安排一条运营线路,或适当进行区间组织运行。该模式能够最大化地发挥有轨电车通道的客运能力,不会由于线路道岔组织而降低线路通过能力,运营组织和调度也相对简单、安全性高,适用于客流需求大的主骨干线路,但与其他线路的换乘往往需要通过站外换乘实现,如图 4-15 所示。

(2) 共线运营模式:在同一段轨道上,安排了多条有轨电车线路运营,通过某个站点后再分叉运行。该模式能够提高有轨电车网络的覆盖能力,同时不同线路共站有利于乘客换乘组织,从而提升网络效益;运营组织和调度需综合考虑各条线路上的班次，适用于客流需求适中和网络衔接的线路，如图 4-16 所示。

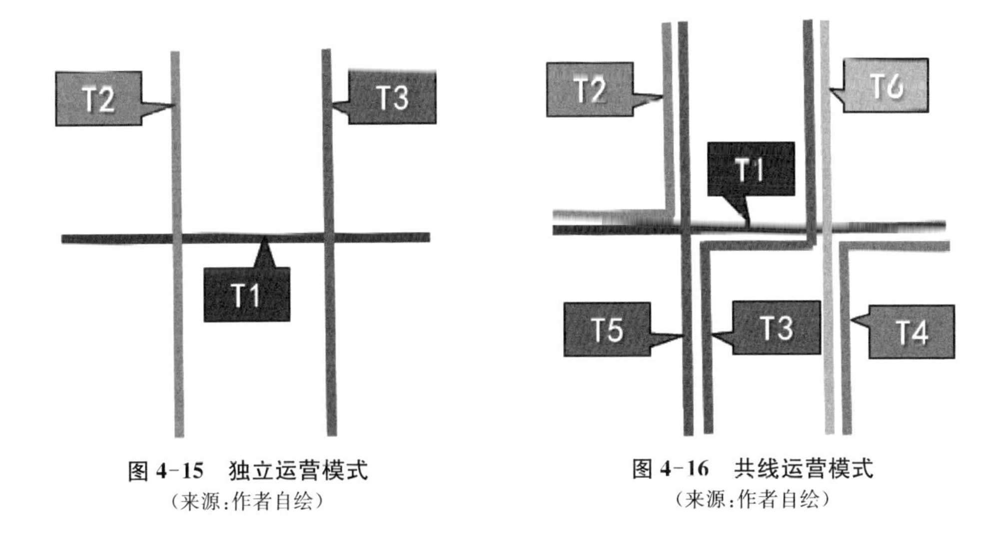

图 4-15　独立运营模式
（来源：作者自绘）

图 4-16　共线运营模式
（来源：作者自绘）

有轨电车作为地面敷设方式，要发挥有轨电车灵活性特征，需要采用共线运营模式，形成网络化的运营线路。

2）网络化运营组织特征

从国内外有轨电车网络化运营组织的运行情况来看，主要有以下几个特征。

（1）网络化运营组织，是有轨电车网络规划的必然要求。从共线段的布局来看，主要集中在中心城区，其很好地串联了中心与外围地区，减少换乘次数，提升了有轨电车的吸引力。

（2）有轨电车断面线路重复系数，总体上控制在 3 条以内；共线段 2 条线路较多，有利于发车间隔的均匀性。

（3）网络的复线系数总体在 1.3～1.8 之间，如法国的斯特拉斯堡为 1.41；复线系数与城市空间相关性较强，集中性越强的城市，往往复线系数越小。

4.3.2　网络化运营组织规划方法

1）网络化运营组织优化模型

有轨电车网络化运营组织规划是在已规划好的有轨电车网络上，确定应开行的有轨电车线路，理论上可建立量化模型进行计算。

有轨电车线路运营组织规划目标的选取，考虑乘客采用有轨电车出行的总行程时间，即乘客直达率最高和乘客总出行时间最短为目标；同时有轨电车作为一种中运量公交方式，还要充分考虑有轨电车运行效益，即使车辆的行驶里程最短，也能降低配车数与运营成本。

由此，进行线网组织时，基于以下两个目标函数。

$$\text{Min } Z_1 = a_1 \sum_{i,\ j \in N} PH(i,\ j) + a_2 \sum_{i,\ j \in N} WH(i,\ j) + a_3 \sum_{\mathrm{r}} EH_{\mathrm{r}}, \tag{4-9}$$

$$\text{Min } Z_2 = FS, \tag{4-10}$$

式中，EH_{r} 为线路 r 上空余位置的总时间，(人·h)；a_1、a_2、a_3 是各项的权重；FS 是满足有轨电车网络上所有出行需求所需的最少有轨电车车辆数，辆。在运营网络设计过程中，往往将此目标转化为约束条件，即使设计的运营网络所需的有轨电车车辆数小于一定的目标值。

Z_1 表明了路线的效益，其中第一项的总乘客数在车时间包括直达乘客在车时间和换乘乘客在车时间，即：

$$\sum_{i,\ j \in N} PH(i,\ j) = \sum_{\mathrm{r} \in R} \sum_{i,\ j \in N_{\mathrm{r}}} d_{ij}^{\mathrm{r}} t_{ij}^{\mathrm{r}} + \sum_{\mathrm{tr} \in T_{Ri}} \sum_{i,\ j \in N_{\mathrm{tr}}} d_{ij}^{\mathrm{tr}} t_{ij}^{\mathrm{tr}}, \tag{4-11}$$

式中，d_{ij}^{r} 为节点 i 和节点 j 之间通过路线 r 的直达乘客量，人；t_{ij}^{r} 为节点 i 和节点 j 之间通过路线 r 的直达乘车时间，s；d_{ij}^{tr} 为节点 i 和节点 j 之间通过换乘路线 tr 的出行的乘客量，人；t_{ij}^{tr} 为节点 i 和节点 j 之间通过换乘路线 tr 的乘车时间，s；$R=\{\mathrm{r}\}$ 为线路集合；$T_R=\{\mathrm{tr}\}$ 为换乘线路集合；N_{r} 为线路 r 所通过的节点集合；N_{tr} 为换乘线路 tr 所通过的节点集合。

Z_1 中的第二项为路网中的总候车时间，包括有轨电车网络各站点候车时间和换乘候车时间，它的数值由各条线路的发车频率确定，而线路发车频率可以由线路最大乘客量与发车频率约束决定，即：

$$\lambda_{\mathrm{r}} = \max\left[\frac{L_{\mathrm{r}}}{d_o},\ \lambda_{\min}\right], \tag{4-12}$$

式中，λ_{r} 为线路 r 所需的发车频率，列/h；L_{r} 为线路 r 的最大高峰断面乘客量，人；d_{r} 为线路 r 的车辆标准载客人数，人；$\lambda_{\min}$ 为有轨电车线网中的最小发车频率约束，列/h。

线路 r 上乘客候车时间的期望值 W_{r} 为线路上有轨电车发车间隔的一半。

$$W_{\mathrm{r}} = \frac{1}{2\lambda_{\mathrm{r}}}, \tag{4-13}$$

因此，有：

$$\sum_{i,j\in N} WH(i,j) = \sum_{r\in R} \frac{1}{2\lambda_r}\left[\sum_{i,j\in N_r} d_{ij}^{r} + \sum_{i,j\in N_{tr}} d_{ij}^{r} a_{tr}^{r}\right], \tag{4-14}$$

式中：

$$a_{tr}^{r} = \begin{cases} 1, & \text{换乘路线 tr 包括线路 r；} \\ 0, & \text{否则。} \end{cases}$$

Z_1 中的第三项描述了有轨电车网络中总的空位时间，反映了有轨电车运营的生产浪费程度，它的度量公式为：

$$\sum_{r} EH_r = \sum_{r\in R}[\max(L_r, \lambda_{min}\cdot d_o)]t_r - \sum_{i,j\in N} PH(i,j)。 \tag{4-15}$$

当 λ_r 为网络中最小发车频率时，EH_r 如图 4-17 所示。

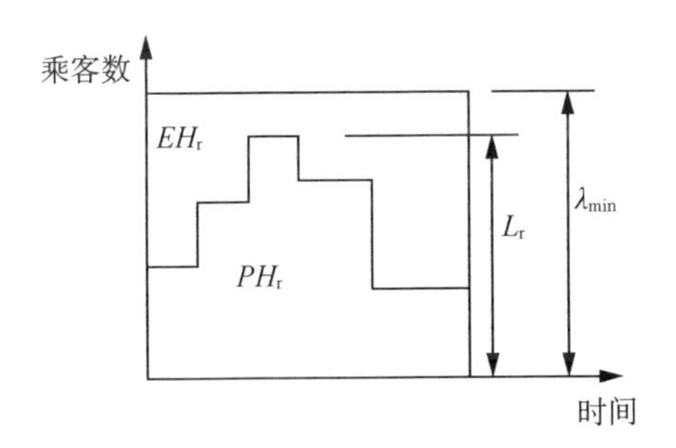

图 4-17 EH_r 与 PH_r 的意义表示图

（来源：作者自绘）

目标函数 Z_1 是以有轨电车线路上乘客上下车流量以及各站点之间行车时间与各站点停靠时间为输入数据，结合有轨电车运营组织线路数 N，有轨电车站点数 n_L 个，其计算步骤如下。

(1) 初始化，$L=1$，$i=1$，$PH=0$，$WH=0$，$EH_r=0$。

(2) 根据线路上各站点的上下车客流量确定线路上的最大单向高峰断面客流量，确定线路发车频率以及线路车辆定员。

(3) 根据站点除上车乘客量计算出本站点上车的乘客总候车时间 WH^* 外，令 $WH=WH+WH^*$；由本站点到下一站点之间的在车乘客量乘以由本站点到下一站点的行车时间，计算在车总时间 PH^*；令 $PH=PH+PH^*$，由本站点到下一站点之间的在车乘客量与本线路车辆定员之差乘以本站点到下一站点的行车时间得出 EH_r^*，令 $EH_r=EH_r+EH_r^*$，令 $i=i+1$。

(4) 如果 $i<n_L$,回到(3);如果 $i=n_L$,则令 $L=L+1$。

(5) 如果 $L<N$,则回到(2),否则,计算结束。

2) 网络化运营组织的约束条件

有轨电车在进行网络化运营组织时,不是完全开放式的组织,而是受到一些约束条件,主要如下。

(1) 单条运营线路长度

单条线路约束主要考虑以下 2 个因素。

① 线路长度约束

$$L_{\min} \leqslant L_i \leqslant L_{\max},\ I \in R, \tag{4-16}$$

式中,L_i 是线路的长度,km; $L_{\min}$, $L_{\max}$ 是线路长度的下限、上限,km。

有轨电车线路长度与城市规模、城市居民平均乘距大小有关,线路长度应适中。线路过长,会导致线路客流分布不均匀,影响运输效率和运营准点率,同时也会给运营组织带来困难;线路过短,则会对居民出行需求的适应性差,居民平均换乘次数增大,降低有轨电车线路的吸引力。

线路长度的最大值可以如下计算:

$$L_{\max} = v \times T_{\max}, \tag{4-17}$$

式中,v 为有轨电车的平均运营速度,km/h。作为中运量公交系统,采用专用路权和信号优先控制时,可取 25(km/h);$T_{\max}$ 为城市 95%的单程出行时间,min。一般城市规模越大,数值越大。一般情况下,宜取 50 min,并不宜超过 1 h。

由此计算,有轨电车线路长度上限宜为 20 km 左右,不宜超过 25 km。

常规公交线路最小值要求不小于 5 km,而有轨电车作为中运量公交,又是地面骨干公交模式,线路长度应与城市客流走廊相匹配。一般而言,不宜小于 10 km。

对于有轨电车线路,在一般情况下计算时,合理的长度 L_o,与城市规模和居民出行范围相关,可参照以下两个公式取值。

$$L_o = 2\sqrt{S/\pi}\ \text{或}\ L_o = KL_{bus}, \tag{4-18}$$

式中,S 为城市面积,km^2;L_{bus} 为城市居民的公交平均出行距离,km;K 为系数,取值 $K=2\sim3$。

② 通道的客运能力

本章第一节中，研究了有轨电车客运通过能力的计算方法，关键是确定有轨电车线路的通过能力。

因此，从线路的通过能力来看，有轨电车共线段的线路数，各条线路的通过车辆数，应小于共线段的通过能力。在平衡有轨电车共线段和各线路发车间隔上，共线段的线路重复数不宜超过 3 条。

(2) 节点的互通控制

有轨电车要实现网络化运营，需要处理好节点的互通节点方案，而在一般情况下，这些节点主要布设在交叉口。

根据节点有轨电车轨道互通的关系，主要可分为以下类型，如图 4-18 所示。

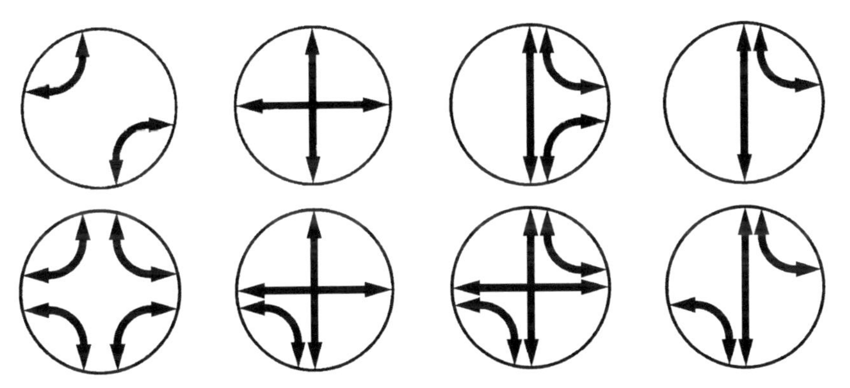

图 4-18 有轨电车网络节点互通类型示意图
(来源:作者自绘)

当前，根据节点控制方案和线路走向，可以组合出更多及更加灵活的节点控制方案，但总体上应控制节点连接的量。受交叉口信号控制影响，有轨电车在交叉口的互通道岔，在一个方向上不宜多于 2 个方向，否则难以协调。

同时，对于不同的节点控制方案，还要充分考虑站点设置对于节点转弯的控制因素，即相邻相位有轨电车先后到达，在站点的停靠时间及清空时间，以及站前的排队空间等要求。

3) 网络化运营组织规划工作流程

采用有轨电车网络运营组织模型，计算过程较为复杂，在实际工程应用时，有一定的难度。

参照东南大学王炜教授提出的"逐条布设、优化成网"的常规公交线网布局规划方法，并结合有轨电车的网络化运营组织的约束性要求，提出有轨电车网络化运营组织规划的实用流程，如图 4-19 所示。

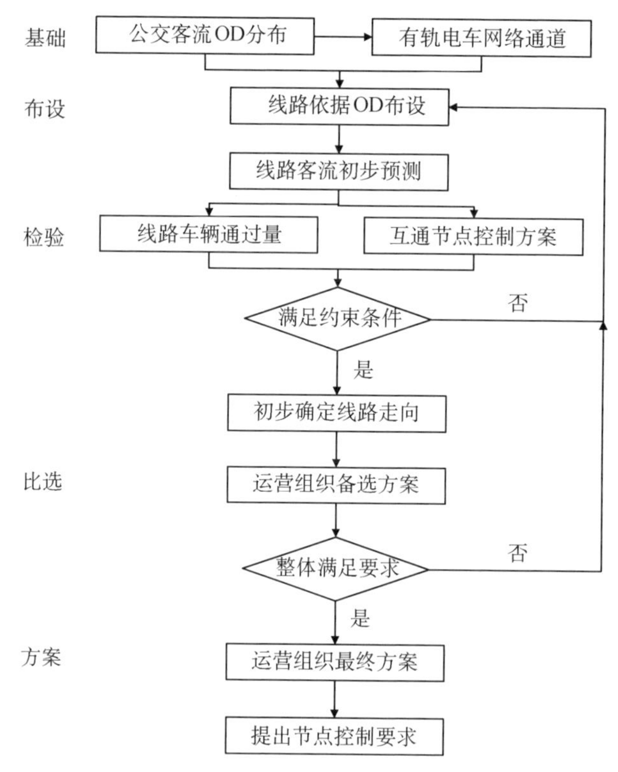

图 4-19　有轨电车网络化运营组织规划实用流程图

（来源：作者自绘）

该流程包括了基础、布设、检验、比选、方案 5 个阶段，下面分别阐述各个阶段的主要流程。

(1) 基础：有轨电车线路网络化运营组织规划的基础是已有公交客流 OD 分布，以及有轨电车网络通道已布设完成。

(2) 布设：在已有的网络通道上，按 OD 分布量从大到小，依次将串联 OD 对的线路布设在有轨电车网络通道上。

(3) 检验：依据公交客流 OD 量和线路走向，对客流进行初步预测，由此测算线路通过车流量，以及节点控制方案，并依据通行能力和交叉口等级等因素，对是否能够满足约束条件进行检验。如能够满足约束条件，则将该线路作为备选线路；如不能满足，则返回修改线路走向。

(4) 比选：根据线路走向方案，可能会形成不同的线路运营组织规划方案，或部分线路段或节点会成为整个网络的运能瓶颈，可以进行优化。对于比选的结果，如不能满足，则仍应返回修改线路组织方案。

(5) 方案：在比选后，选择最优形成最终的线路运营组织规划方案，并提出节点的控制要求。对于有轨电车线路运营组织，在未来有可能随着城市用地开发建设等因素的变化，交通流量分布也会发生变化，线路运营组织也会随之调整，但对于节点控制方案，尤其是涉及近期建设线路的节点，则应预留建设条件。

5

有轨电车线站规划设计方法

5.1 线路规划设计

5.1.1 线路长度

有轨电车的单条线路长度受到很多因素影响，应根据有轨电车的适用特性，确定最佳的线路长度。过长的乘坐时间会造成路途疲劳，一般乘客的乘车时间在10～50 min，线路设计时需要考虑乘客乘坐的舒适性要求。

根据有轨电车不同的适用特性，表5-1总结了世界上几个城市有轨电车长度，以供参考。

表5-1 有轨电车线路长度与适用类型关系

适用类型	线路长度
中小城市用于承担主城区骨干交通	瑞典哥德堡：线路平均长18.1 km 法国南特：线路平均长13.4 km 法国鲁昂：线路平均长16.1 km
大城市加强外围与主城区联系	美国圣地亚哥：蓝线12.5 km，橙线10.8 km 美国波特兰：红线8.8 km 美国布法罗：10.5 km
大城市外围组团	法国巴黎：1号线12 km，2号线11.3 km 德国柏林：平均线长7 km
大城市主城新城与周边城镇	英国Dockland：线路平均长9 km 英国Croydon：线路平均长9.1 km
观光性质	澳大利亚悉尼：7.2 km

从表 5-1 可以看出，作为交通骨干的有轨电车，线路长度取决于城市覆盖范围，长度一般为 10～20 km；连接市区/郊区以及城市外围组团之间的线路长度由两地区之间的距离决定，一般为 15～25 km，特色功能线路的长度取决于线路的具体功能。

5.1.2 敷设形式

有轨电车线路敷设方式有地面、高架和地道 3 种形式。从交通功能、道路交通影响、环境景观影响和工程造价等方面对 3 种敷设方式进行对比分析，如表 5-2 所示。

表 5-2 有轨电车线路敷设方式比较表

	地面	高架	地道
交通功能	受地面交通影响，速度受到限制	快速、无干扰	快速、无干扰
道路交通影响	与地面交通共享道路资源，相互干扰大，造成地面交通延误增加	影响小	影响小
环境景观影响	环境景观较好	环境景观影响差	环境景观影响较小
工程投资	低	较高	最高，后期维护费用高

国外有轨电车基本采用全线地面敷设，例如法国斯特拉斯堡、波尔多等，如图 5-1 所示。

斯特拉斯堡
（来源：https://stock-footages.com/alstom/3）

波尔多
（来源：https://www.pinterest.com）

图 5-1 国外有轨电车线路敷设方式

国内的上海、天津等城市均采用全线地面敷设方式，长春、大连等部分城市有轨电车采用地面敷设和局部高架的敷设方式；上海浦东张江有轨电车项目一期工程全部采用地面敷设方式；苏州高新区有轨电车 1 号线，线路部分节点采用了立交的方式，如图 5-2 所示。

图 5-2 国内有轨电车线路敷设方式
（来源：作者拍摄）

从有轨电车的车辆技术特征来看，其相对于地铁或轻轨等轨道交通方式，较大的不同点是通过对车辆的改建，以适应地面的低地板运行，如果采用长距离的高架或地道布置，将无法发挥该改进优势。

因此，有轨电车的敷设方式应以地面敷设为主，在局部跨越高速公路、快速路、交叉口流量大的区域，结合地块开发或道路条件不足时，可以采用地道或高架等形式，充分发挥和适应有轨电车的技术特征。

5.1.3 断面布置

1）不同断面布置形式的特征

如图 5-3 所示，不同断面布置形式通常有以下 3 种。

（1）单侧式：有轨电车双线集中布设于道路一侧的人行道外侧，站台设置于人行道上。

（2）双侧式：有轨电车双线分设于道路两侧的非机动车道上，站台设置于人行道上，非机动车道设在道路最外侧。

（3）路中式：有轨电车双线集中敷设于道路中央，机动车及非机动车道布设于有轨电车两侧。

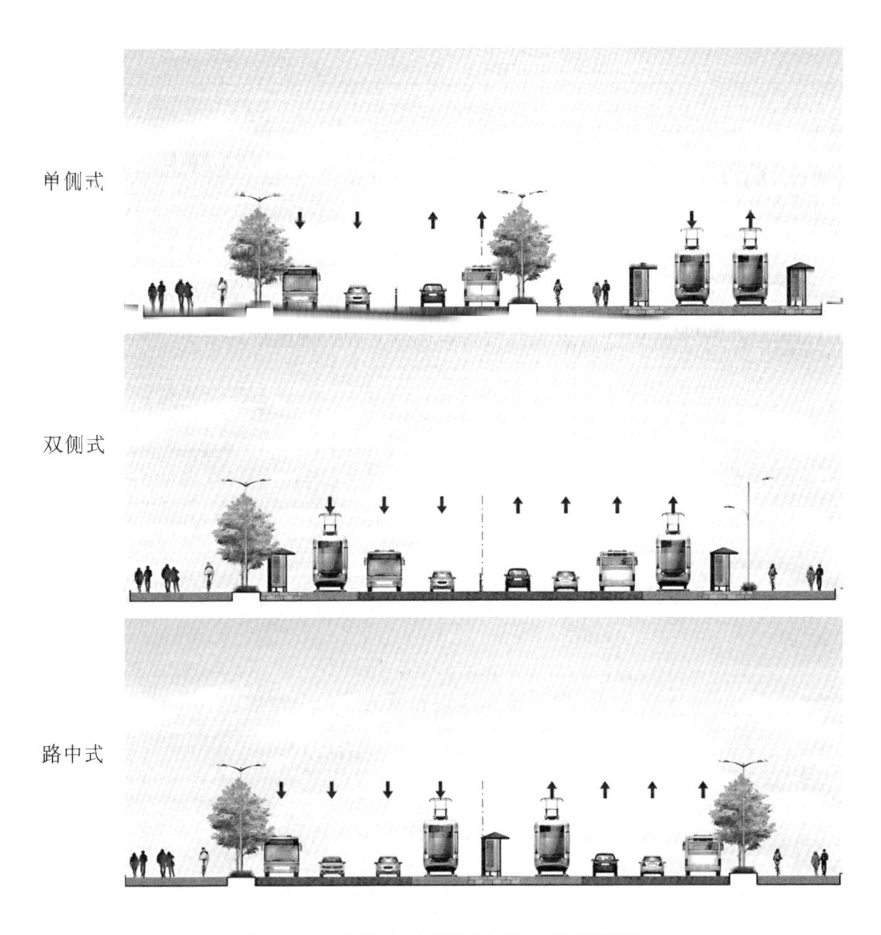

图 5-3 有轨电车断面布置方案示意图

(来源:作者自绘)

单侧式布局方案中,双向轨道集中在道路一侧布置,以减弱对道路分隔的影响,行人过街较易处理,但是需要对现有道路断面进行较大的改造。有轨电车布置在道路一侧,对沿线该侧单位的出入以及公交停靠和路边停车影响很大,该方案适合于道路一侧开发建设趋于成形,而另一侧开发强度不大的道路,不适合两侧开发强度都很大的道路。

而对于中央布局和两侧布局方案,表 5-3 分别就运营配线、有轨电车升级、站台设置和工程量等方面进行了比较。

表 5-3 中央、两侧布局方案比较表

比较列项	中央布局	两侧布局
配线	车辆折返不影响交通	车辆折返需要中断交通

续 表

比较列项	中央布局	两侧布局
有轨电车系统升级	对道路分隔作用小,易升级	对道路分隔作用大,有非机动车干扰,需设护栏
站台	形式灵活	形式单一
工程量	车站处需增设过街辅助设施	可不设过街设施
对出入口交通影响	影响沿线出入口左转交通	影响沿线出入口左、右转交通
对路口交通的影响	沿线左转交通量小, 对沿线道路通行能力影响小	沿线右转交通量较大, 对沿线道路通行能力影响较大
对路段交通影响	无影响	车辆停靠存在冲突
行人影响	影响小	有影响,须设置护栏

在进行有轨电车车道横断面布置时,常用条件不同布置方式的适用情况如表 5-4 所示。

表 5-4 有轨电车车道布置方式的适用情况

布置方式	适用情况
中央式布置	道路资源比较充足,道路有可供改造的中央分隔带或侧分带; 线路沿线交叉口较多,或线路两侧出入口较多; 线路需要较宽的运营速度时
单侧式布置	线路一侧的出入口较少,一般为沿河河流或公园的线路; 沿线交叉口少; 机动车单行道上,靠近机动车道一侧线路方向应与机动车同向
两侧式布置	一般用于既有道路不能做较大改造,只能在两侧拓展或在非机动车道上敷设线路

2）不同断面形式对道路平面线形影响

有轨电车采用独立轮对的转向架结构,且运行速度较地铁系统低,通过最小平面曲线半径与地铁车辆相比大为减小,使得对道路平面线形的适应性大为加强。一般十字形交叉口路缘石的最小半径建议为:主干道 20～25 m,次干道 10～15 m,支路 6～9 m。

现假设路缘石半径 10 m,有轨电车平面最小曲线半径 25 m 为例,对有轨电车在交叉口转弯情况进行分析,如图 5-4、图 5-5 所示。从图中可以看出,有轨电车中央布置时,在交叉口转弯处无须对内侧路缘石进行翻挖改造。线路内侧只有一条车道时,有轨电车与社会车的转弯轨迹较为接近,机动车会侵入有轨电车的限界范围，需要通过信号控制保证转弯处的行车安全；而线路内侧有两条车道时，同向转弯车辆之间无干扰。

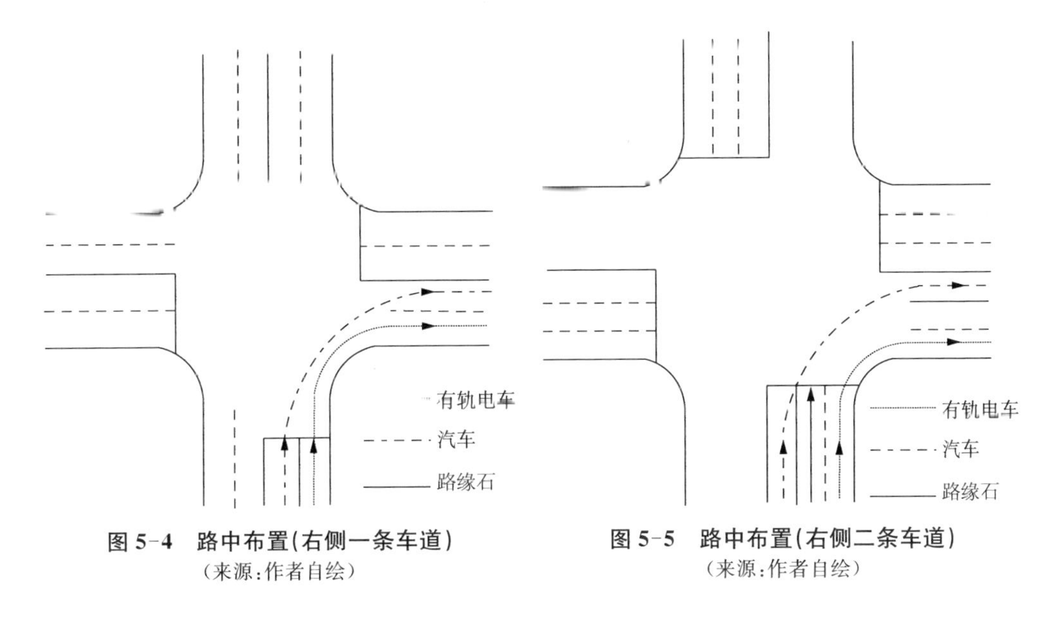

图 5-4 路中布置(右侧一条车道)
(来源:作者自绘)

图 5-5 路中布置(右侧二条车道)
(来源:作者自绘)

当单侧布设时(两侧对称布置情况相同)，有轨电车的线路转弯时必须对交叉口路缘石进行改造，若原街角处有建筑物还会带来一定的拆迁量。同时，由于转弯半径的影响，有轨电车停车线和位于交叉口的车站都需要后移至距交叉口较远的位置，如图 5-6 所示。

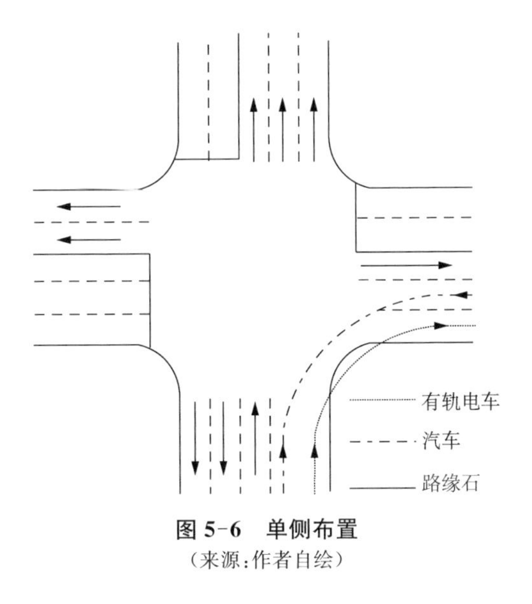

图 5-6 单侧布置
(来源:作者自绘)

因此，从不同布设形式转弯时对于平面线形的影响来看，采用路中布置的影响较小；而采用路侧布置时，在转弯时需要有较大的转弯空间，对转弯一侧的用地影响较大，适合该转弯处用地较为宽裕的情况；在老城区，交叉口周边用地紧张的路段，则适应性较差，或者只能采用转弯半径小的胶轮导轨的有轨电车车辆。

3）纵断面条件

城市道路对于有轨电车的影响主要是受到纵坡的制约。由于钢轮钢轨间的摩阻因数与胶轮和路面间相比较小，因此钢轮钢轨有轨电车的爬坡能力与汽车相比稍有不足，但其单位自重下的牵引功率以及分散的动力，使得有轨电车通过纵坡的能力与传统轮轨系统车辆相比有较大提升。

钢轮钢轨有轨电车可通过的最大纵坡多为7%以上，胶轮导轨有轨电车可以达到13%。可对比参照《城市道路工程设计规范》(CJJ 37—2012)要求的城市道路纵断面的设计标准，如表5-5所示。

表5-5 城市道路最大纵坡度

<table>
<tr><td>计算行车速度(km/h)</td><td>80</td><td>60</td><td>50</td><td>40</td><td>30</td><td>20</td></tr>
<tr><td>最大纵坡一般值</td><td>4%</td><td>5%</td><td>5.5%</td><td>6%</td><td>7%</td><td>8%</td></tr>
<tr><td>最大纵坡极限值</td><td>5%</td><td colspan="2">6%</td><td>7%</td><td colspan="2">8%</td></tr>
</table>

由表5-5可知，在城市道路中计算行车速度在30 km/h以上的道路，其推荐纵坡值均小于7%。根据此标准，即城市次干路Ⅰ、Ⅱ级，城市支路Ⅰ级以上道路都可以运行各种有轨电车。对于更大纵坡的道路，通过合理选择车辆制式同样可满足要求。因此可以得出结论，有轨电车通过纵坡的能力可以满足城市道路的要求。

5.2 车站规划设计

5.2.1 车站布置形式

在有轨电车的车站布置中，主要有2种标准的车站布置方式，即岛式和侧式。在实际工程中，在标准岛式和侧式车站的基础上，通过运营的灵活组织产生出错开岛式、错开侧式车站等变通方案。

1）岛式站台

（1）标准岛式

标准岛式车站站台布置在两条轨道的中间，一般宽度不小于4 m，上/下行车辆利用该站台进行上/下客，上/下行车辆皆为左开门。采用岛式站台，一般客流量较大，往往结合人行立交组织客流。

（2）错开岛式

由于有轨电车敷设于地面，并且与机动车道路共面，共享道路宽度和交叉口等资源，并不像地铁和轻轨那样严格的封闭式运营，故标准岛式车站在一般的城市道路上并不完全适用，从经济性及交通功能上来说，需要对标准岛式车站进行优化，如图5-7所示。

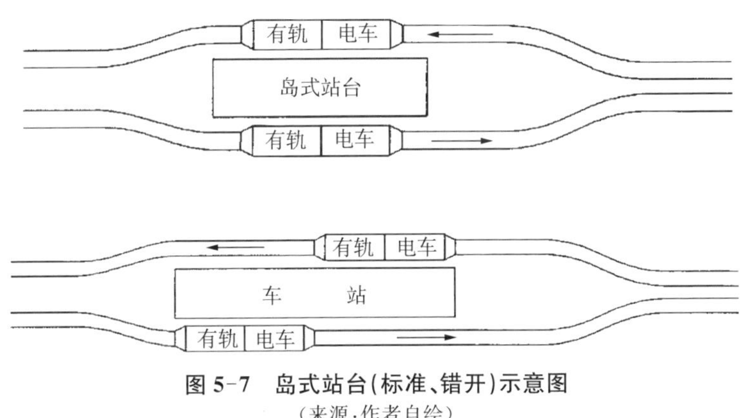

图5-7　岛式站台(标准、错开)示意图

（来源：作者自绘）

由于上/下行错开设站，错开岛式车站的宽度就不需要满足2辆车辆同时停靠的宽度需求，而只要满足单边车辆停靠车站的宽度即可。该种运营方式与标准侧式站台运营方式的区别在于，标准侧式站台车辆是右开门，而错开岛式站台车辆是左开门；该种方式最大的优势在于站台处占用的宽度小，为10～11 m，但是对在站点处的轨道需要进行变宽设计，今后改扩建时对轨道也需要进行相应的改建。如果想要保持轨道线的平直，就需要全路段都保持10～11 m的宽度。

2）侧式站台

（1）标准侧式

侧式站台布置在轨道线的两侧，一侧各一个站台，宽度相对较窄，最小可取2.5 m。车辆上/下行分不同站台进行上/下客，车辆都为右开门。采用侧式站台对客流管理组织相对有利。

(2) 错开侧式

该种站台布置方式是对标准侧式站台上/下行错开后产生的方案，标准路段处宽度 8 m，站台处宽度 10.5 m，站台处需对道路单边进行拓宽。该站台布置方式的优点是可保持轨道线的平直和连续，今后对电车的编组辆数增加后的改扩建较为有利，只需增长站台，不需对轨道进行改建，如图 5-8 所示。

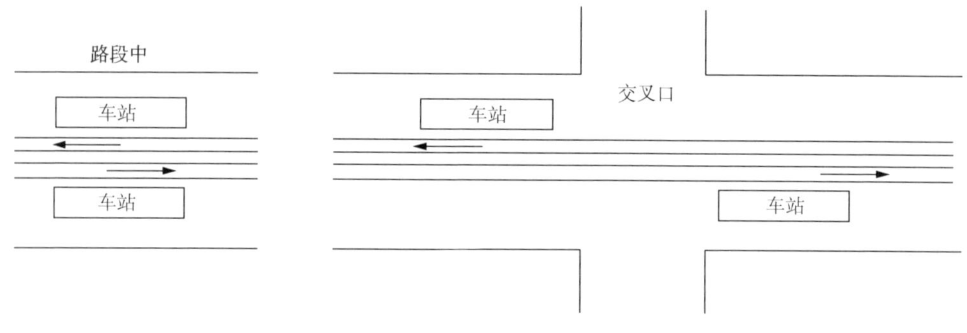

图 5-8 侧式站台(标准、错开)示意图

(来源：作者自绘)

在对错开侧式站台布设时，有轨电车的车站较适于在交叉口的出口道设站，一是对于上/下行车辆来说，出口道设站意味着在交叉口处站台的设置并不在同一位置，而是分别位于交叉口的两侧，适应乘客辨认乘坐方向；二是上/下行错开侧式站设置在出口道上，有利于车道进/出口拓宽，从而使得道路线形更为和顺。

5.2.2 车站建筑形式

车站按照售检票程序分类，分为封闭式车站和开放式车站。

1) 封闭式车站

封闭式车站为一封闭空间，站内为收费区，乘客在进入车站候车的同时完成购票过程，站台设施要求较高，须设置售验票系统，并需要工作人员值守，车站造价较高。车辆需要精确地停靠在车站处，且适用的车门间隔相对固定。封闭式车站是为了提高上/下客速度而设计的，通过水平登车的站台设计、预先售票和检票系统，方便轮椅使用者，缩短乘客上/下客时间，提高行驶速度。

2) 开放式车站

开放式车站与常规公交车站很相似，形式十分简洁，没有隔离收费区与不收费区的隔离措施，车站不售验票系统，功能相对简单，易于维护。开放式车站一般采用车上售票的收费方式，站台设施相对简单；也可以配备智能交通服务设施，如电子地图、公交电子查询设备、实时车辆到达信息系统和自动售票机等，使得公交站点更舒适、安全和信息化，车站的造价较低，如图 5-9 所示。

图 5-9　封闭式和开放式有轨电车车站的示意图
（来源：上海城建设计总院效果图）

比较两种车站类型，主要由站台的上/下客人数和对系统的运营速度要求来决定。欧洲的有轨电车系统，因人口密度低，客流量一般不大，多数采用开放式车站形式；而对于客流量大的线路，则需要通过封闭式车站来提高乘客等车时的效率，缩减车辆在停靠时造成的延误，从而提高运营速度。

当然，也可以采用分期设置策略，在客流量较低的初期采用开放式车站，远期根据客流实际需求发展，改建为封闭式车站。

5.3　车辆基地规划

5.3.1　车辆基地的应用

1）车辆基地类型

车辆基地分为车辆段和停车场 2 类。

车辆段是承担有轨电车车辆停放、运用管理、整备保养和检查工作等车辆定期检修任务的基本生产单位。有轨电车线网的车辆段宜集中设置，以提高检修设备等资源的利用效率；控制中心宜与车辆段合并设置，利于集约用地。

停车场是承担有轨电车车辆停放、运用管理和日常维护的基本生产单位。停车场宜适度分散设置,以满足有轨电车线路运营的调度需求。

2) 车辆基地形态

结合国内外有轨电车典型的车辆基地的应用案例,其设置形态如图 5-10～图 5-12 所示。

图 5-10 瑞典斯德哥尔摩有轨电车车辆基地

(来源:《有轨电车城市综合设计指南》)

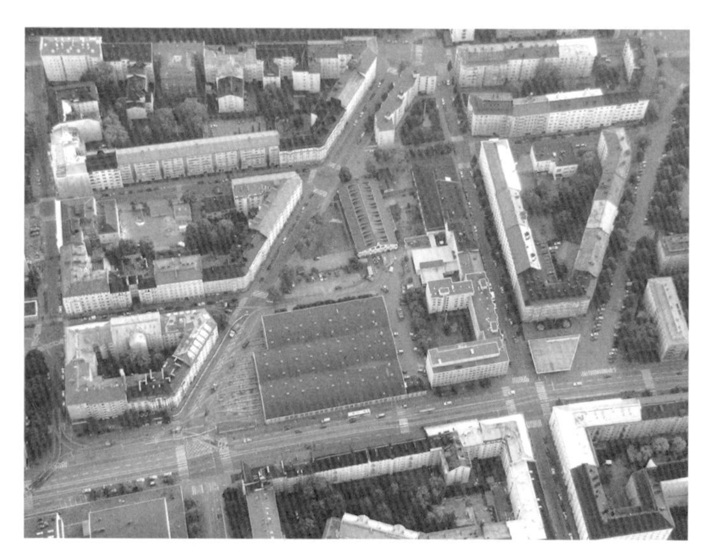

图 5-11 芬兰赫尔辛基有轨电车车辆基地

(来源:《有轨电车城市综合设计指南》)

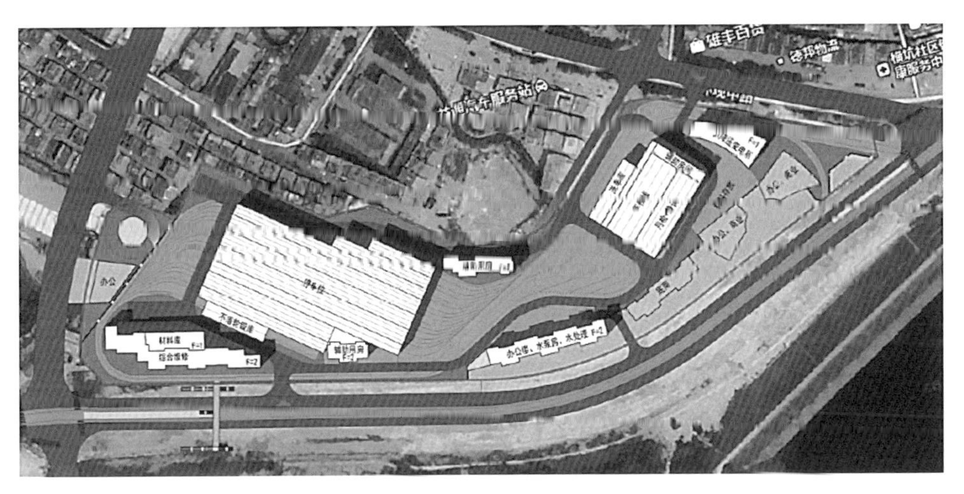

图 5-12 深圳龙华线有轨电车车辆段
（来源：作者自绘）

从国内外车辆基地的应用来看，采用贯通式的有轨电车线路结构，充分利用和发挥有轨电车小转弯半径优势，提升有轨电车在车辆基地内的运营组织灵活性，是现阶段的普遍趋势。

5.3.2 车辆基地的规模

测算有轨电车车辆基地的控制规模，一方面是对比轨道交通车辆基地的控制规模；另一方面是参照国内典型的有轨电车车辆基地的面积。

《城市轨道交通工程项目建设标准》(建标 104—2008)第七十一条规定了车辆基地占地面积指标，如表 5-6 所示。

表 5-6 车辆基地占地面积指标表(m^2/车)

车型	A、B	Lb
车辆基地(厂架修，设备维修)	1 000	900
车辆段(定修级)	900	750
停车场	600	500

注：表中数值用于实施后的用地，作为规划用地还应适当留有余地。

目前有轨电车车辆长度一般为 32～37 m，约为轨道 Lb 型车的 2 倍，但转弯半径较小，咽喉区等占地面积更小。

同时，调研国内有轨电车车辆基地，车辆段功能较全的用地规模一般在 10 hm^2 以上，折算后为 2 000 m^2/车；但仍有部分车辆基地规模较小，其主要功能为停车场，折算约 800～1 000 m^2/车；表 5-7 为国内部分典型用地较省的车辆段案例。

表 5-7　国内部分有轨电车车辆段的面积

车辆段	面积(m^2)	停车数(辆)	工艺要求	单车面积(m^2/车)
上海松江	78 400	42	定修	1 867
苏州高新区	95 900	40	厂修	2 397
深圳龙华	81 400	60	定修	1 375
株洲	87 400	52	定修	1 680

注：以上为国内部分典型用地较省的车辆段案例，沈阳浑南、淮安等地占地面积较大，不宜作为参考。

综合两方面考虑，有轨电车线网规划阶段的车辆基地的规模，车辆段宜按 1 500～1 800 m^2/车进行控制，停车场的用地规模宜按 800～1 000 m^2/车进行控制。

车辆段的综合开发能够协调交通设施与用地开发之间的关系，大大提升土地的利用价值；但综合开发需要结构转换，将增加车辆基地初期建设费用，并需要处理好噪声、消防等关系。

5.4　交通衔接规划

有轨电车应做好与用地及其他交通的衔接规划，包括交通组织、换乘衔接、公交线路优化等内容。

5.4.1　交通组织

有轨电车线网规划须根据道路网络和有轨电车线路布局，提出道路交通组织方案，实现道路功能与有轨电车线路功能的衔接。道路交通组织一般分为路段交通组织和沿线出入口交通组织。

1）路段交通组织

在路侧时，采用隔离栏保障有轨电车与其他交通方式之间的隔离，保障有轨电车的专用路权；在特殊路段上禁止地块开口，所有交通组织均通过交叉口进行组织。

在路中时，道路断面应设置中央分隔带，加强交通管理，以减少沿线出入口左转交通对有轨电车的影响。

非机动车交通原则上符合一般道路交通的组织原则，在路段上敷设在道路两侧，与机动车行驶方向相同。

行人过街主要结合交叉口设置行人过街横道线。在交叉口过街设施距离过大时(超过 500 m)，须考虑设置路段过街设施。

2) 沿线出入口交通组织

路中布置段出入口组织，车辆出入口的交通组织主要有右进右出、信号控制等。

单路侧布置段主要采用三种处理方式：封闭出入口、采用信号灯控制和通过辅道集散。

5.4.2 交通换乘

对有轨电车线路与城市对外交通枢纽、轨道车站的换乘，宜做好与其他规划的衔接，提出初步的换乘布局模式，预留好衔接换乘规划条件。

在有轨电车线路周边，宜做好慢行交通换乘设施，以满足可达性、连续性、适应性和安全性的要求。有轨电车车站应与其他公交方式换乘便捷，换乘距离宜符合以下规定：

(1) 与常规公交之间同向换乘距离不宜大于 100 m，异向换乘距离不宜大于 150 m；

(2) 与轨道交通车站入口距离不宜大于 150 m；

(3) 有轨电车共轨线路间宜采用同站换乘，相交线路间的换乘距离不宜大于 150 m。

5.4.3 公交线路优化

有轨电车线网规划针对现有常规公交线网与有轨电车的走向和功能关系，对有轨电车沿线公交线路进行了梳理，提出优化整合建议，具体如下。

(1) 功能重合线路：可为有轨电车培育客流，有轨电车建设后，可予以撤销；

(2) 部分重合线路:可为有轨电车培育客流,有轨电车建设后,可适当调整线路走向,或通过缩短站间距调整线路功能;

(3) 相交线路:可调整线路站点,缩短与有轨电车的换乘距离;

(4) 其他线路:临近有轨电车附近的线路,有轨电车建成后,可适当延伸与有轨电车车站间的换乘。

有轨电车线路建成后,可在有轨电车换乘车站周边组织短驳公交线路,如图 5-13、图 5-14 所示。

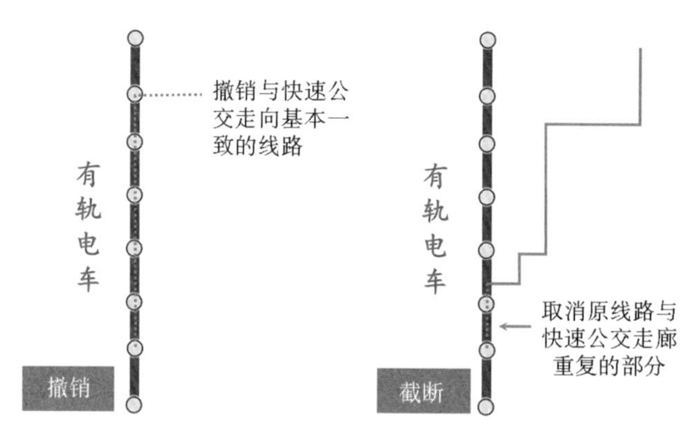

图 5-13　撤销或缩短公交线路组织示意图

(来源:作者自绘)

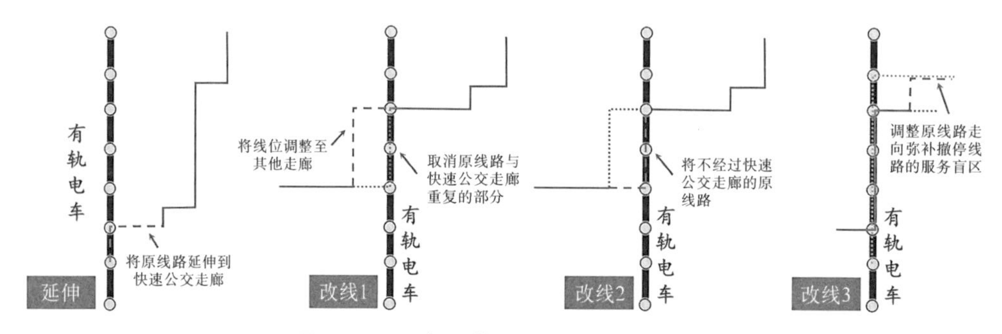

图 5-14　局部调整公交线路组织示意图

(来源:作者自绘)

6

有轨电车的 TOD 规划技术

6.1 基于 TOD 的开发模式

有轨电车作为中运量的公共交通方式，运能水平、开发成本介于轨道交通与常规公交之间，应考虑 TOD 的开发模式。

6.1.1 基于有轨电车站点周边的 TOD 开发

依托有轨电车站点，对其周边辐射区域进行 TOD 开发，是发展城市 TOD 模式的重要策略。对于沿有轨电车线路分布的各种站点，其地理位置、功能作用各不相同，TOD 开发强度与要求也有所差异。有轨电车的站点类型主要包括：居住型站点、中心型站点和枢纽换乘型站点，不同站点的 TOD 开发模式不同。

1）居住型站点的 TOD 开发特征及策略

对于这类站点，TOD 的开发模式是以有轨电车站点为核心组织用地规划，将办公设施、娱乐、商业、学校及公共绿地等设施布设在站点辐射区域，在实现客流吸引的同时，提高有轨电车的使用效率。

2）中心型站点的 TOD 开发特征及策略

中心型站点一般位于城市的大型公共中心，周边具有大型公共设施，向心及穿越交通较大，这一区域土地开发强度往往较高，且价格高昂，随着有轨电车站点的设置，这一趋势进一步加强。对于这类站点的 TOD 开发，应将文化娱乐、商业开发、金融办公等设施进行高密度、高强度的混合布设，在进一步提升人流活动强度的同时，解决一部分交通问题。可采用垂直混合和水平混合的方式，一般土地混合使用随着与站点距离的接近，混合程度不断加强；反之，距离站点越远，混合程度下降。

3）枢纽换乘型站点的 TOD 开发特征及策略

这类站点指基于城市内部交通方式的有轨电车换乘站点，如有轨电车不同线路的换乘、有轨电车与轨道交通的换乘等；对于这类站点的 TOD 开发，应在站点附近配套设置相应的商业设施，方便换乘客流遂于出行的基本需求。这类站点随着 TOD 模式强度的不断增加，伴随城市结构形态的发展，有可能向中心型站点演化，发展成为城市发展的重要区域。

从现有开发经验与实例分析可知，与轨道交通类似，一条有轨电车线路往往同时包含以上 3 类站点，沿城市发展轴带分布于不同区域。可以借鉴深圳轨道交通线路沿线的基于站点周边的 TOD 开发模式，如图 6-1 所示。

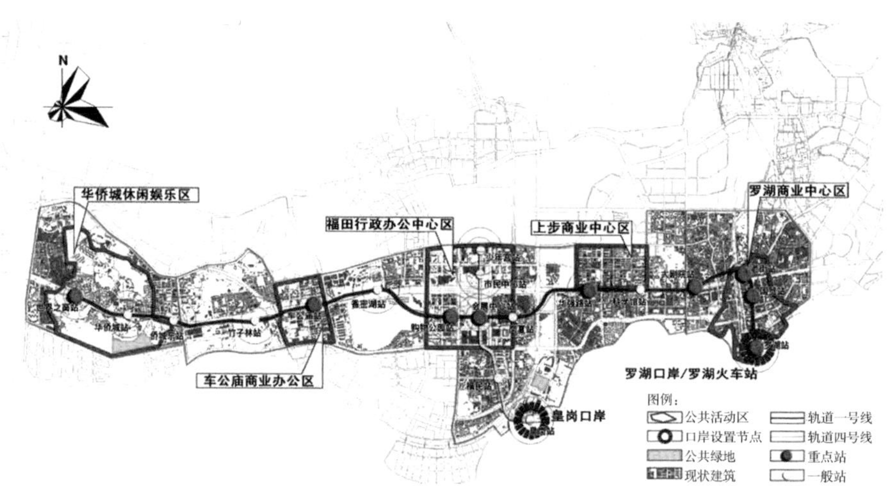

图 6-1　深圳市轨道交通站点周边的 TOD 开发示意图

（来源：《深圳市轨道交通线网规划》）

6.1.2　基于有轨电车沿线区域的 TOD 开发

相比轨道交通，有轨电车不仅具有交通运输职能，还具有更为重要的社会化职能，这是由有轨电车的地面运输形式、线路设置及站点间距决定的。这些特征使得出行者对于有轨电车，不仅基于出行的需求，还伴随着许多其他衍生的生活需求。

由此，有轨电车沿线区域成为 TOD 发展的合适区域，由于有轨电车站点间距较小，随着站点区域 TOD 影响范围的持续增加，其 TOD 模式的影响范围将汇集线路沿线的大部分区域，实现“连点成线、汇线成面”的趋势，最终实现整条基于有轨电车线路的交通走廊的TOD开发。根据现有经验与案例分析，轨道交通、有轨电车等大中运量的交通方式，其沿线的土地开发强度及附属价格高于城市的一般区域，有利于形成或强化沿线作为城市发展轴带的特征，如图6-2所示。

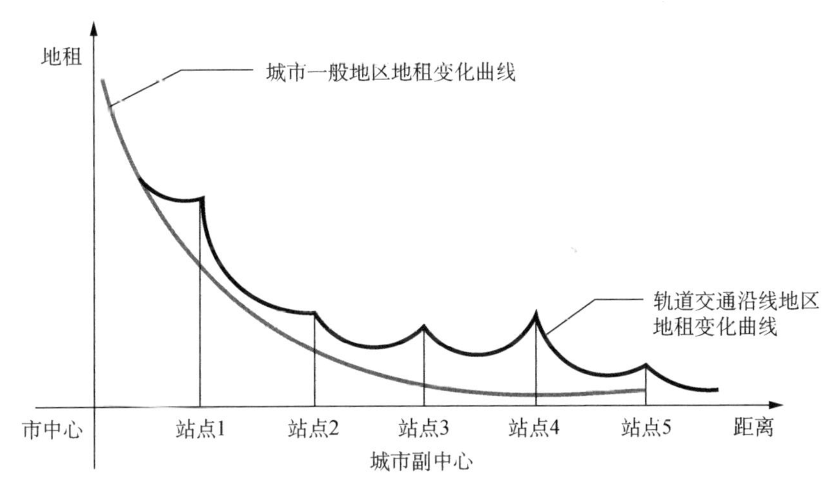

图6-2 沿线TOD区域平面空间土地价格变化趋势图
（来源：作者自绘）

6.1.3 基于有轨电车车辆段的TOD的开发

随着城市开发强度的持续增强，城市土地资源变得极为紧张，基于有轨电车的上盖以上区域的合理开发与使用，是重要的TOD开发模式。可通过对有轨电车停保区域设置“上盖平台”，在上盖平台以上部分设置办公、住宅、商业等区域，构建多功能的城市商住区域。这类上盖区域的土地利用价格在垂直空间区域中存在级差，地面价格高于地下价格，越接近地面价格越高，如图6-3所示。

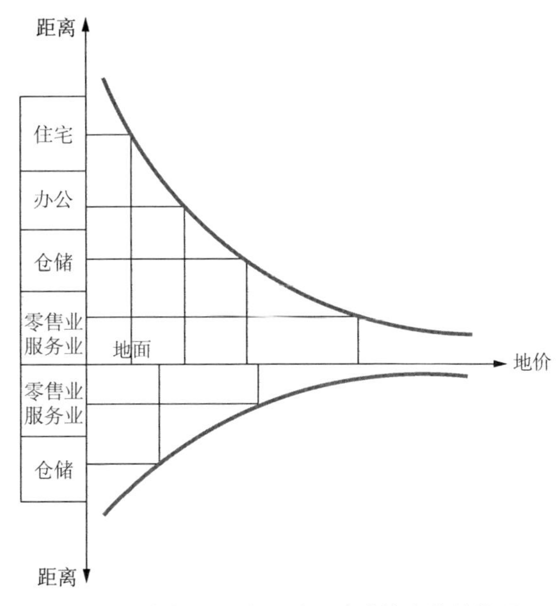

图6-3 车辆段垂直区域土地价格变化趋势图
（来源：作者自绘）

6.2 基于 TOD 的规划设计方法

6.2.1 有轨电车车站有效辐射范围

有轨电车车站有效辐射范围既取决于站点周边的步行可达性与各类接驳交通方式的可达性条件，又受制于有轨电车线路本身的客运能力与服务水平。在中心城区，车站吸引范围内的客流来源基本上以步行为主，将居民步行到车站的时间控制在 10 min 以内，步行速度以 4 km/h 计算，车站的步行的吸引范围约在步行路径距离 650 m 以内；城市外围区域，则通过非机动车、私人小汽车乃至常规公交方式接驳的客流比例增多，其客流吸引范围因此得到增加，辐射半径视具体接驳条件可能增至 2 000 m 甚至以上，如图 6-4 所示。

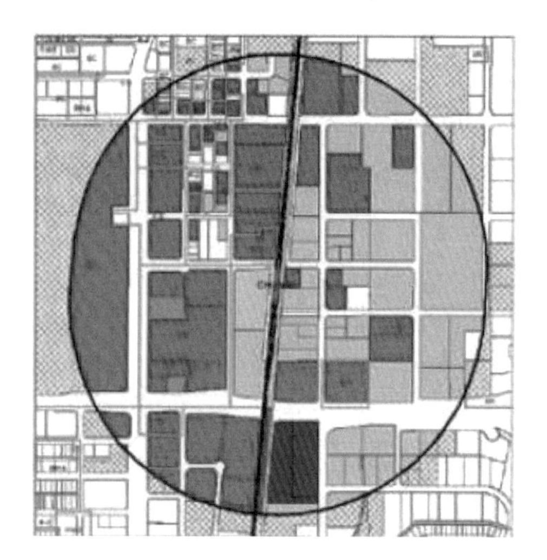

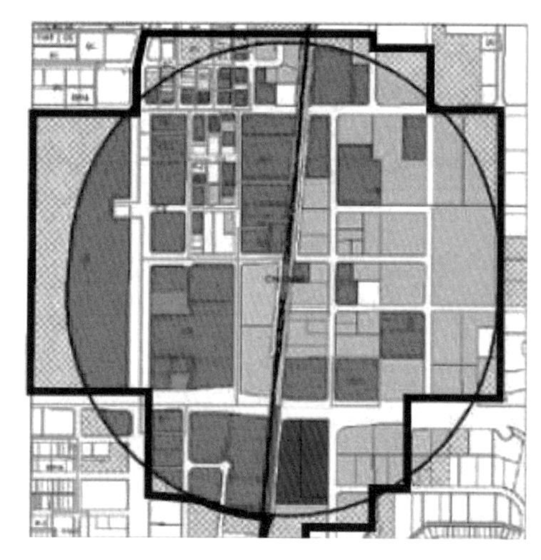

图 6-4　辐射范围与规划范围示意图

（来源：作者自绘）

6.2.2 站点周边地块开发强度设计

对于车站周边邻近的地块，应强制性增加其开发强度，提供高密度的住宅、办公、商业服务及配套设施，使其与高频率大容量的公共交通服务能力相匹配，如图 6-5 所示。

车站周边地块的适宜开发强度与车站类型有密切关系，且与车站之间衔接最紧密、可达性最好的方向应当优先设置最高的开发强度；距离车站越近，其开发强度应越高，随着与车站距离越来越远，其开发强度逐渐递减。

在新开发区，站点周边区域的开发强度应不受新区规划的开发强度限制，而是单独划分出车站周边范围的单独规划区域。

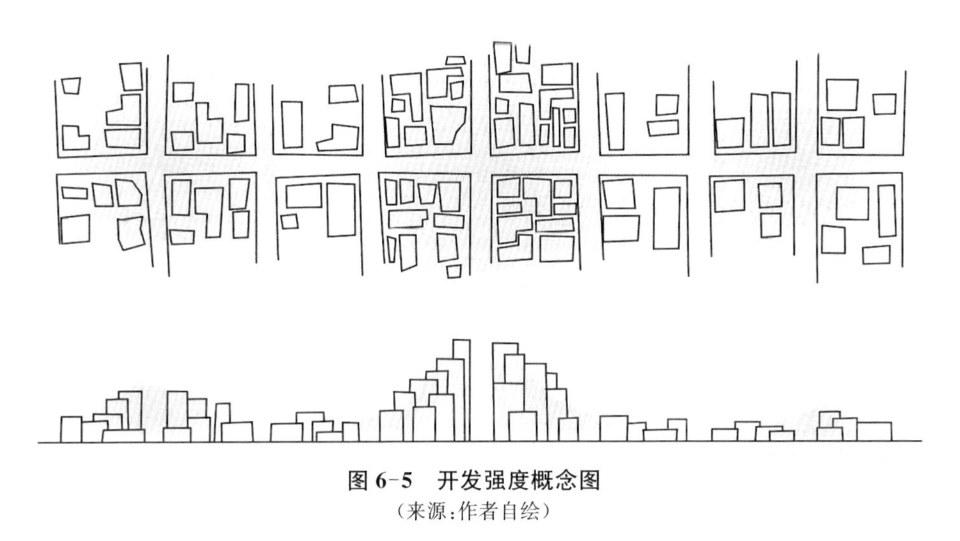

图 6-5 开发强度概念图

（来源：作者自绘）

6.2.3 TOD区域的街区尺度设计

如图6-6所示，增加路网密度，规划小尺度街区，避免过大的街区对交通的阻碍，提升站点区域的交通可达性；合理规划空间网络，消除断头路等不合理道路形态；增强向心性/放射形路网形态，使公共交通站点的交通可达性为最优。

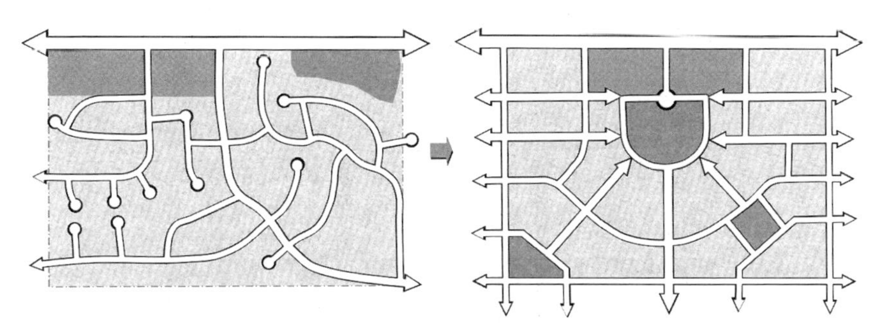

图 6-6 路网形态概念图

（来源：作者自绘）

6.2.4 TOD 区域空间设计

强调地标性的重要建筑物，营造场所感。大型公共建筑或超高层建筑应成为该 TOD 区域具有较好可视性的地标建筑，应具有独特的建筑设计特征、易于被辨识，且应位于视觉通廊上；创造性地应用公共空间，使其与车站环境相融合；公共开放空间应与车站自然衔接，并为邻近社区提供集聚点。采用人性化、有较好舒适感的建筑尺度和形态，为当地社区构造聚焦节点。

6.2.5 TOD 区域的步行系统设计

有轨电车站点应设计便捷性、舒适性以及以人为本的步行路径设施，须满足以下要求：

(1) 步行抵离车站的距离短；

(2) 步行路径连续，不受任何阻碍；

(3) 确保步行路径安全；

(4) 步行路径方向性、辨识性好；

(5) 步行环境与当地气候条件相适应。

如图 6-7 所示，应为车站区域提供完整的一体化公共空间设施体系，包括步行交通网络设施、自行车网络、机动车道路和广场等公共活动空间、车站附属设施、常规公交车站等。

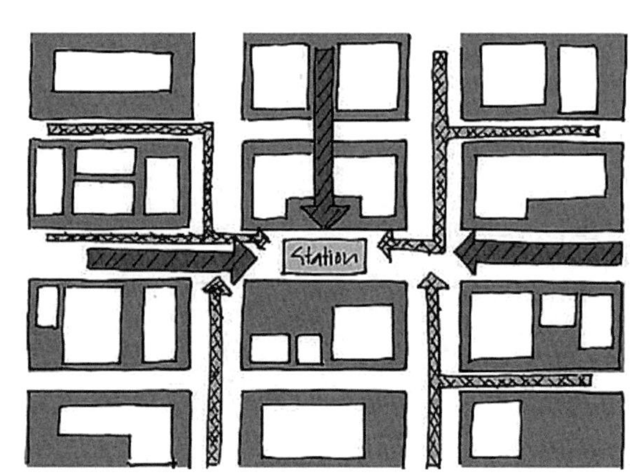

图 6-7 提供与公共交通车站便捷的步行联系

（来源：作者自绘）

6.2.6 站点周边的停车设计

TOD模式通过在用地功能上鼓励公共交通的使用，改善步行环境等措施，将大幅度提高公共交通分担率，因此在车站周边TOD设计范围内应适度降低停车位供给标准。基本要求如下：

(1) 在车站TOD设计范围内采用较低的停车配建标准；

(2) 对时间上可以错开的停车需求，鼓励共享停车位；

(3) 提供小汽车P+R停车设施，以鼓励外围的私人交通方式转向公共交通；

(4) 提供非机动车停车设施，为公共交通车站吸引多层次客流。

6.3 基于TOD的实施建议与应用

根据国内外成功的经验，对有轨电车TOD规划在实施时应考虑以下建议。

6.3.1 确定土地开发构想，提高开发效益

就市场状况及地区环境应用如都市更新、都市计划变更、征收及联合开发等多元开发方式，导入如商办、超市、集合住宅、文娱产业及转运中心等，吸引人口进驻，并可借采预标售方式，以缩短开发期程、降低开发成本及风险，特别是将车站站体或出入口与物业相结合，提高土地开发及轨道线网效益，如图6-8所示。

商办大楼

大型超市

转运中心

集合式住宅

图6-8 导入物业提高土地开发收益

(来源：作者拍摄)

6.3.2 政府机关领头进驻,带动商业活动

在 TOD 区域尤其是新开发区,借由引入各级政府单位、行政中心或大专院校等,以带动相关商业及活动人口,若再有前述住宅人口的导入,则更能吸引商业投资者进驻。

6.3.3 多元化的综合开发

各类公共交通方式的附属事业因运量、系统形式、场站条件等有所不同,而有轨电车系统以轻巧的站体形式及深入亲近群众的特性,可衍生如广告、停车等附属事业,如图 6-9 所示。

自行车租借

车站/车厢广告收益

停车收益

图 6-9 多元化附属事业
(来源:作者拍摄)

6.3.4 结合车辆段、停车场空间,综合规划开发

车辆段、停车场一般在地面敷设,由于其用地规模较大,也可设计为地下或半地下化。在有轨电车线网规划中,车辆段、停车场多分布于中心城区的外围,其位置多为城市发展用地。若有条件在车辆段、停车场附近设站,建设时可考虑利用车辆段、停车场上/下方空间,引进集合住宅、公家单位、商办和小汽车停车场或其他异业结合,或作为公交停车场地,沿车辆段和停车场周边则可考虑开发办公、仓储物业等活化土地利用,增加开发效益,如图 6-10 所示。

图 6-10 车辆段与住宅区混合使用实例

（来源：作者拍摄）

6.3.5 有轨电车 TOD 开发实施案例

如图 6-11 所示，株洲市未来的公交体系规划采取有轨电车作为中运量公共交通方式的载体。规划了有轨电车线路 22 条，其中城区线路 18 条，市域线路 4 条，设站 268 处，共计铺设轨道里程 340.9 km。这些有轨线路不仅涵盖了株洲市现有的主要客流走廊和城市发展轴带，还将外围区域与中心城区相连接。

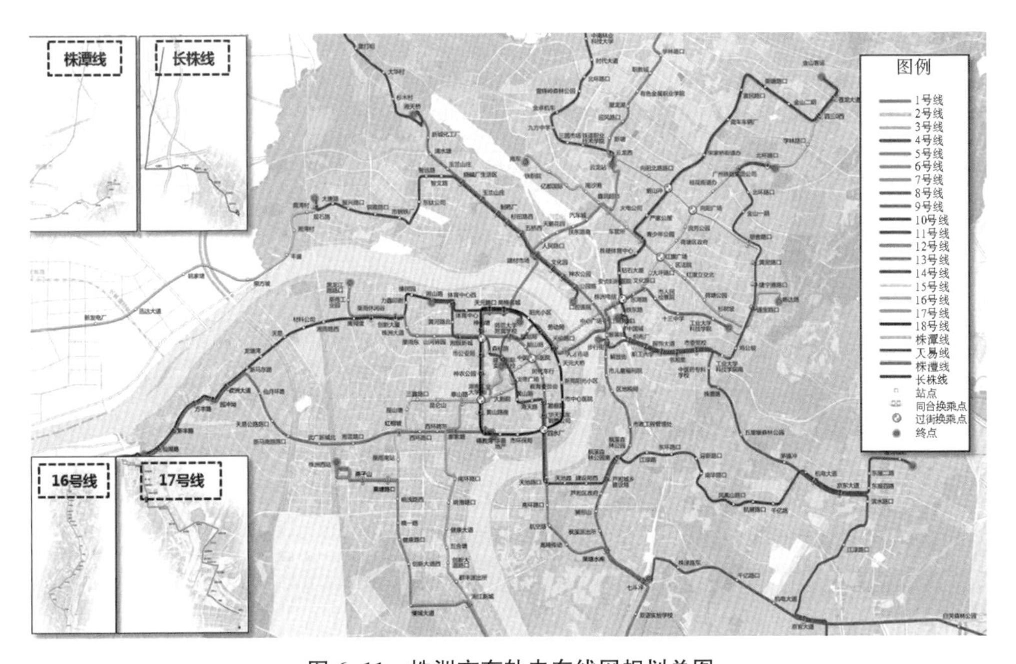

图 6-11 株洲市有轨电车线网规划总图

（来源：http://www.hnzzgh.gov.cn/ghgs/ghfags/201407/t20140702_5755.htm）

基于 TOD 开发的一般原则，从城市及人口规模、土地开发密度等方面考虑，发展 TOD 的开发模式对株洲市的发展将起到重要作用。因此，近期通过有轨电车系统的构建，将为未来 TOD 发展提供必要的支撑，实现客流的快速集聚。

在 TOD 策略指导下，对有轨电车沿线、枢纽周边的用地功能、发展强度进行调整，将居住、商贸、休闲娱乐等人口聚集度高的土地功能配置在轨道、枢纽周边，打造公交社区，引导市民选择公交出行。值得注意的是，不同等级站点的容积率有所差别，由此要求不同程度的 TOD 开发强度，如表 6-1 所示。

表 6-1　各级站点容积率指标表

用途		容积率		
		B	*BR*	*R*
一级站	枢纽站	7.0	4.0	3.5
二级站	首末站	5.0	3.5	3.0
	地铁站与有轨电车换乘综合站			
三级站	地铁站	4.0	3.0	2.5
	有轨电车换乘站			
四级站	有轨电车站	3.5	3.0	2.5

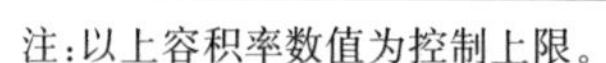
注：以上容积率数值为控制上限。

图 6-12　红旗广场交通枢纽周边用地开发
（来源：作者自绘）

以红旗广场为例，对其 17 个具体地块（住宅用地、零售商业用地、商住用地）进行容积率调整，以符合 TOD 模式的发展要求，如图 6-12 所示。

由此可见，通过有轨电车线路及站点的设置，实现 TOD 模式下的城市二次开发，有利于推动城市结构形态的优化与发展。

7

有轨电车规划的工程化应用

7.1 规划基本流程与方法

7.1.1 总体技术流程

根据有轨电车的技术特征、功能定位与规划原则，其规划流程与内容如图7-1所示。

根据这个技术流程，对于有轨电车线网的总体规划，应分为下述4个层次开展工作。

1）规划背景分析

需要对城市与交通发展现状和规划有清晰的认识，尤其是正确认识公共交通发展存在的问题，以及针对这些问题找到相适应的解决方式，这是需要明确的内容。在这个工作背景下，作为有轨电车系统对城市空间格局将产生重大的影响。

2）规划目标确定

首先应确定城市交通发展的目标和模式，其次应明确公共交通的发展目标，最后应构建有轨电车在公共交通中的目标。

3）线网布局规划

在这个阶段，需要结合城市发展模式和城市空间结构。第一，分析有轨电车网络结构，尤其是在规划有轨道交通系统的城市，与轨道交通网络结构之间的关系；第二，需要确认线路布局，换乘枢纽布局和站场布局方案。

4）建设实施规划

在轨道交通线网中，建设实施规划是在线网规划的下一层面规划内容，更加翔实具体，也是上报国家层面批复的技术文件和依据。需要特别注意的是，在线网规划阶段，应落实建设规划的内容。

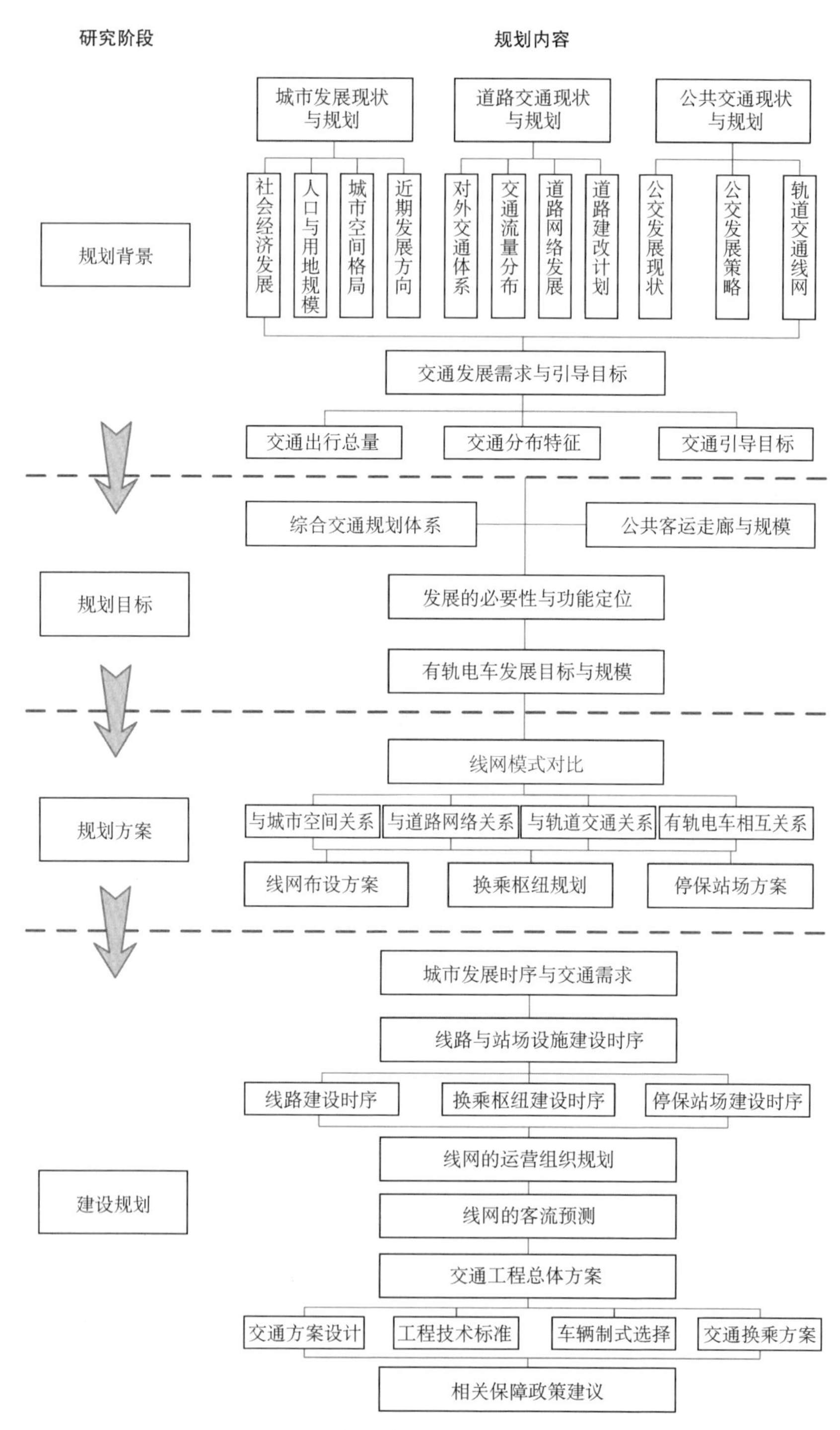

图 7-1　有轨电车线网规划流程示意图

（来源：作者自绘）

7.1.2 关键要点分析

1）与轨道交通的关系分析

在对有轨电车的线网规划时，轨道交通线网建设规划应作为上位依据，同时宜综合考虑规划中的轨道交通线路，若与规划轨道交通线路存在矛盾时，应与轨道交通线路规划协调解决。

2）交通需求分析内容

在交通需求分析内容中，应强调增加对道路交通进行一体化的需求预测，以及分析对道路交通的影响程度。同时，在交通需求预测时，应综合考虑有轨电车在采用不同敷设下的道路网络上的交通动态平衡，这种分析对于是否采用有轨电车方案都具有直接的影响。

3）线网的运营组织

网络化的运营组织是有轨电车的重要特征，在线网规划时需要体现对网络化运营组织的预留。由于在线网规划阶段，难以完全明确未来所有交通模式的运营组织，因此主要是结合规划年的客流走向，在明确好相交线路之间道岔的连接方向，平衡相交点道岔数量的同时，在实施过程中能满足对线路的可持续建设的要求。

4）近期建设规划

城市轨道交通规划分为线网规划和建设规划两个阶段，这是基于城市轨道交通的建设审批、工程控制难度和对城市用地影响等考虑。有轨电车在线网规划中，应针对建设时序中提出的近期建设线路进行详细规划，包括线路的走向初步比选、线路敷设方式、断面布置、站点方案和关键节点控制等，从而在线网规划的基础上，能够直接指导下阶段的工程前期研究工作。

7.2 规划方案的编制要求及内容

7.2.1 编制要求

有轨电车线网规划编制的主要任务，包括 3 个方面：确定线网规模及通道布局、需要控制的线路及车辆基地的用地要求、近期建设规划线路。

有轨电车线网规划应包括远期线网规划和近期建设规划。规划年限应依据城市总体规划年限确定;远期线网规划年限宜为 20 a,近期建设规划年限宜为 5 a。在规划期限内,城市总体规划提出的城市发展规模、空间布局、土地使用以及各项建设的综合部署,是有轨电车线网规划的法定依据。

有轨电车线网规划编制范围应依据城乡总体规划确定,统筹兼顾周边紧邻地区交通需求,做好与周边地区的有轨电车线网衔接。

有轨电车线网规划应包括下列主要内容:

(1) 城市(或区域)现状和规划;

(2) 交通需求与客流量预测;

(3) 发展有轨电车的必要性;

(4) 功能定位与发展目标;

(5) 线网布局规划与评价;

(6) 车辆基地规划;

(7) 交通一体化协调规划;

(8) 用地控制规划;

(9) 近期建设规划。

有轨电车线网规划应收集社会经济、城市规划、道路工程、交通及环境等基础资料,基础资料应准确可靠,具有时效性。

城市社会经济数据应包括城市经济发展总量、产业结构、常住人口、就业岗位及机动车保有量等,宜采用 2 a 内的统计数据。城市交通设施调查应包括道路网络、公共交通网络及枢纽站场等设施以及运行状况调查;运行状况宜采用 2 a 内的统计数据。居民出行调查数据应采用 5 a 内的城市交通综合调查数据或专项调查数据,应包括居民出行总量、出行目的、方式结构、空间分布及时间分布等特征。

7.2.2 编制内容

根据编制要求,有轨电车线网规划成果应包括规划文本、规划图纸和相关附件,成果表达应清晰、规范;有轨电车线网规划成果的基本格式要求如下。

1) 规划文本

(1) 目标概述:项目背景、规划目标和定位、规划依据、规划范围和年限、规划技术路线;

(2) 城市发展现状与规划:城市概况、城市社会经济发展、城市总体规划和城市近期建设规划；

(3) 交通发展现状与规划：交通发展现状、对外交通规划、城市道路网络规划和城市公交系统规划；

(4) 交通出行特征与需求分析：交通出行调查与特征分析、交通需求模型、交通需求预测分析和客运走廊分析；

(5) 城市公交发展模式研究：城市公交发展模式与结构、公交系统制式选择、有轨电车发展的必要性；

(6) 有轨电车发展的必要性与功能定位：要详细阐明有轨电车发展的必要性与车的功能定位；

(7) 有轨电车线网合理规模匡算：线网规模匡算的背景、线网合理规模匡算、线网规模的分析；

(8) 有轨电车线网布局方案：线网布局原则与方法、城市客流通道分析、线网布局方案比选、推荐线网规划方案、线路运营组织规划和线网布局方案评价分析；

(9) 有轨电车的建设时序规划：城市发展建设时序分析、有轨电车建设时序规划、车辆基地的布局规划和线路总体控制规划；

(10) 有轨电车交通衔接规划：道路交通协调规划、城市智能交通系统协调规划、常规公交整合规划和交通换乘衔接规划；

(11) 近期建设线路规划方案：近期建设线路选择、总体规划方案、工程技术与设备总体方案；

(12) 规划实施保障建议。

2) 规划图纸

规划图纸要反映出线网的总体方案，分时序的建设情况等内容，规划图纸应包括以下内容。

(1) 远期线网布局规划；

(2) 远期线路运营控制规划；

(3) 车辆基地布局规划；

(4) 线网分时序规划；

(5) 断面控制规划；

(6) 近期建设规划方案。

3) 相关附件

在编制有轨电车线网规划时，根据实际需求，可以将相关的居民出行调查、基础资料、参考资料及文件等作为附件。

7.3 现代有轨电车线网规划案例

7.3.1 规划区域背景

1）规划区域概况

高新区是苏州市辖区之一，位于市区西部。东接苏州古城，西濒烟波浩淼的太湖，南临无锡，北接吴中区。绵延数十里的江南丘陵，石湖风景区、洞庭东西山风景区、天灵风景区和枫桥寒山寺及虎丘风景区环绕四周。

高新区下辖狮山、枫桥、横塘和镇湖 4 个街道及浒墅关、通安、东渚 3 个镇，下设科技城、浒墅关经济开发区、苏州高新区出口加工区和保税物流中心。高新区管委会、虎丘区人民政府驻地在运河路。行政面积 223.36 km^2。

截至 2008 年年末，高新区现状总人口为 65.17 万人，其中户籍人口 31.80 万人，暂住人口 33.37 万人。根据第六次人口调查数据，高新区常住人口 57.2 万人。如图 7-2 所示，高新区现状城市建设用地为 107 km^2，以居住用地和工业用地为主，非城市建设用地 11.6 km^2，以耕地为主。

2）分区规划

总体目标：至 2030 年，将苏州高新区建设成为先进产业的聚集区、体制创新和科技创新的先导区、生态环保的示范区及现代化的新城区。

功能定位："真山真水新苏州"——以城乡一体化为先导，以山水人文为特色，以科技、人文、生态和高效为主题，集创新科技生产、高端现代服务、人文生态居住和旅游休闲度假四大功能于一体的现代化城区。

人口规模：至规划期末，苏州高新区人口规模为 120 万人，高新区职工人数将达到 90.61 万人。

建设用地规模：如图 7-3、图 7-4 所示，苏州高新区总面积约 223 km^2。至规划期末，城镇建设用地规模为 142.97 km^2，人均城镇建设用地面积为 119.14 m^2。

总体空间结构："一核、一心、双轴、三片"。

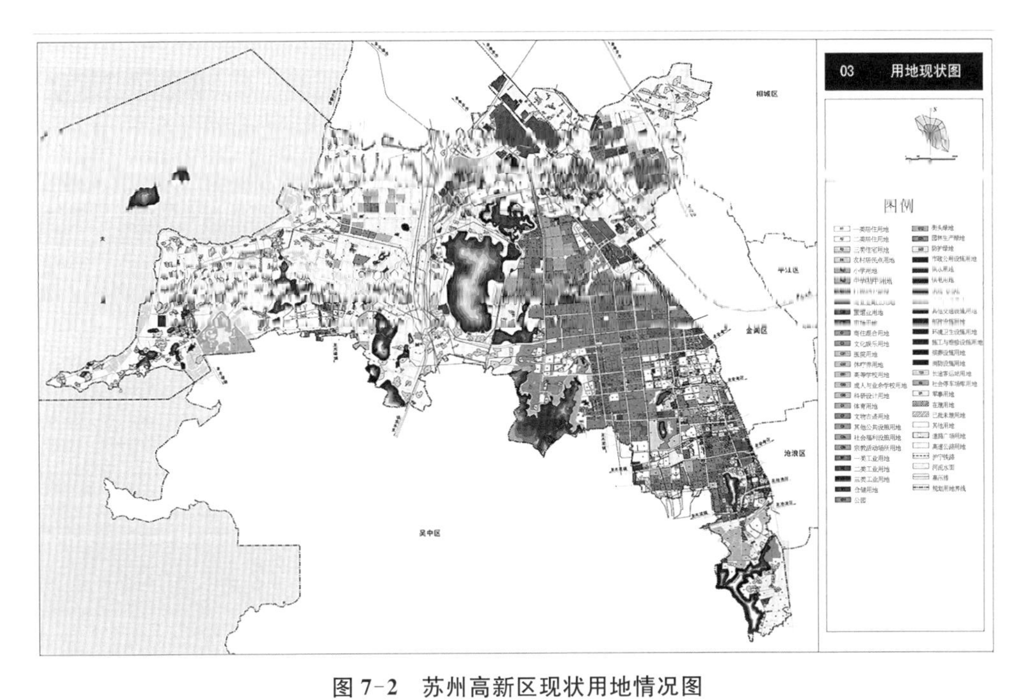

图 7-2 苏州高新区现状用地情况图

(来源:《苏州高新区(虎丘区)城乡一体化暨分区规划(2009—2030 年)》)

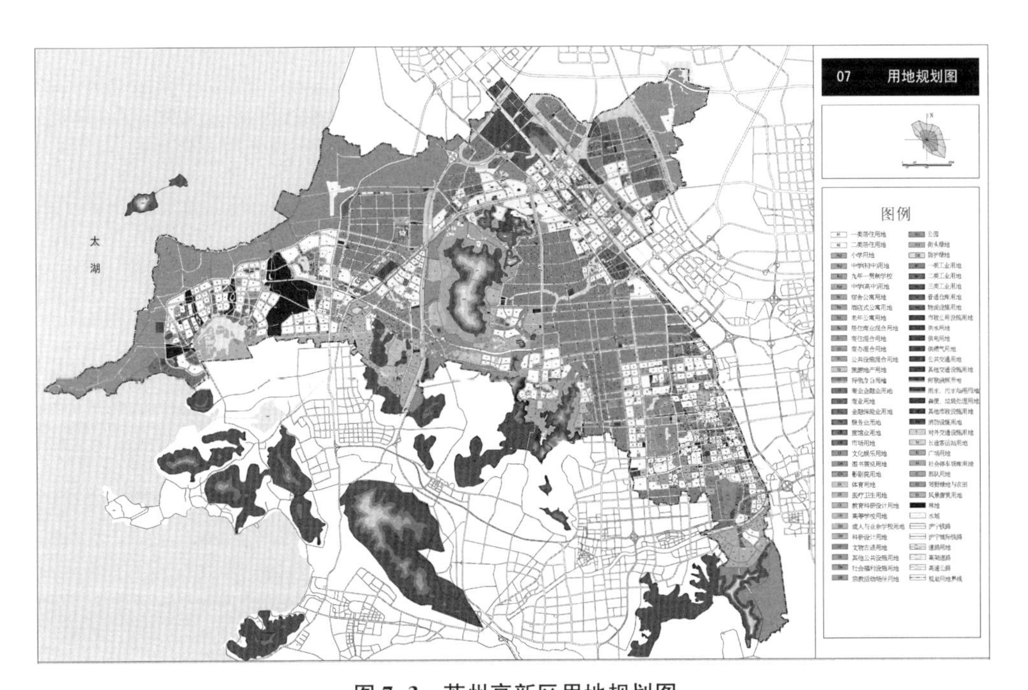

图 7-3 苏州高新区用地规划图

(来源:《苏州高新区(虎丘区)城乡一体化暨分区规划(2009—2030 年)》)

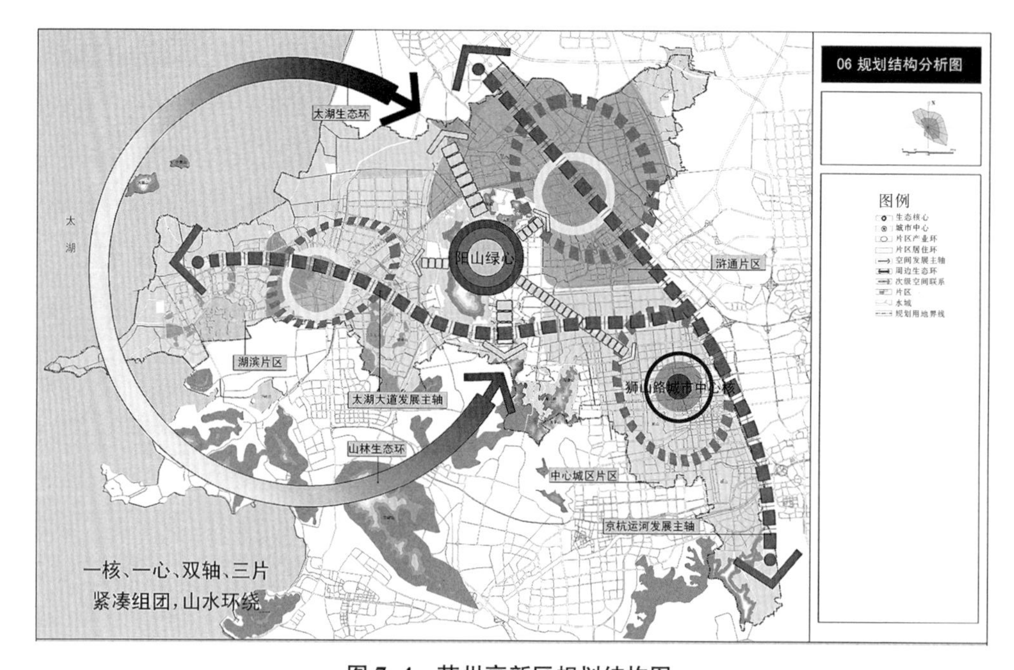

图 7-4　苏州高新区规划结构图

（来源：《苏州高新区（虎丘区）城乡一体化暨分区规划（2009—2030 年）》）

3）需求分析

统计高新区居民全天的出行方式分布，结果如图 7-5 所示。

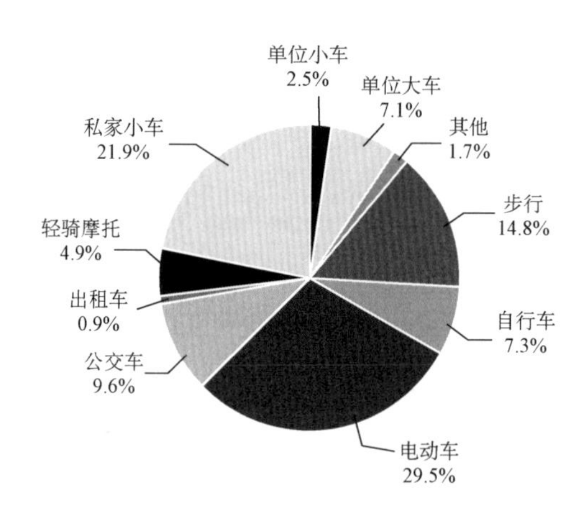

图 7-5　苏州高新区居民出行方式分布图

（来源：《苏州高新区（虎丘区）城乡一体化暨分区规划（2009—2030 年）》）

高新区居民出行方式中，占比最高的是电动车，占 29.5%，加上轻骑摩托

(4.9%)和自行车(7.3%),合计占比达 41.7%;其次是私家小车,占 21.9%,随着小汽车保有量的增长,高新区的居民出行方式中小汽车已经占到了很大的比重,加上单位小车(2.5%)和出租车(0.9%),采用小汽车出行比例占 25.3%。

出行需求预测:高新区规划人口为 120 万人,出行强度取 2.1 次/d,外来人口约占常住人口的 58%,出行强度为 3.0 次/d。高峰小时系数为 0.2。由此测算高新区的全方式出行总量为:预测 2030 年高新区总出行量为 280 万人次/d,高峰小时总出行量为 56 万人次/h。

如图 7-6、图 7-7 所示,采用双约束重力模型预测高新区交通出行分布,并分别整理出区内—区内和区内—区外的交通出行分布。

根据出行分布预测结果,分析高新区在规划年的平均出行距离为 6.8 km,较现状的 4.2 km 有较大增长。这一方面是由于高新区向西发展,城市空间不断拓展;另一方面,是人们的出行需求和能力不断增强。

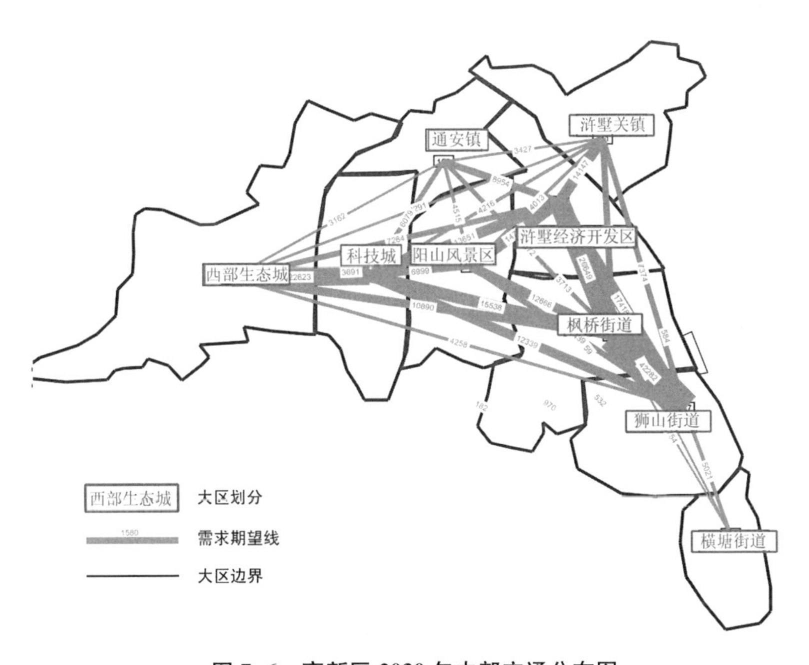

图 7-6 高新区 2030 年内部交通分布图

(来源:《苏州高新区(虎丘区)城乡一体化暨分区规划(2009—2030 年)》)

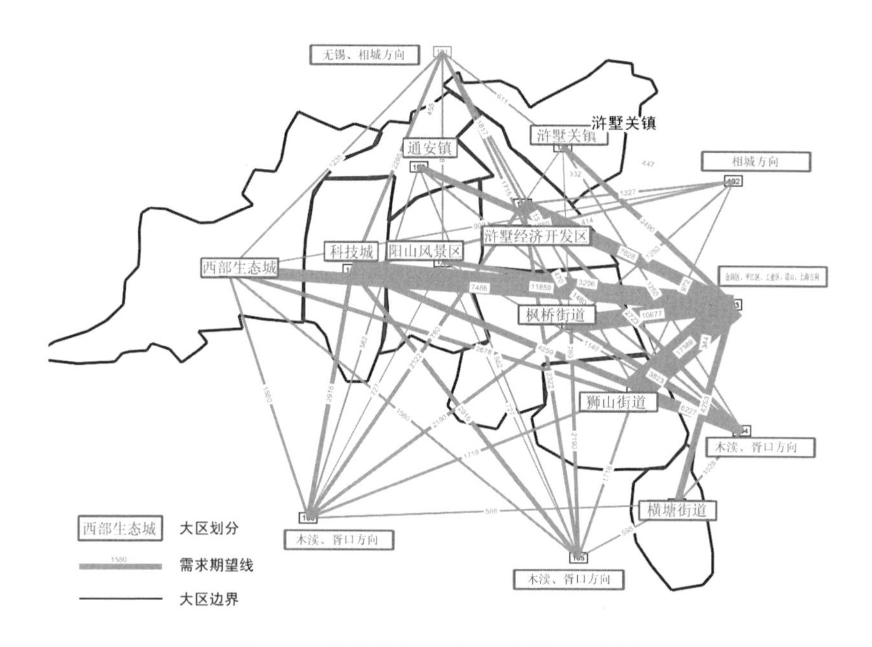

图 7-7 高新区 2030 年对外交通分布图

（来源：《苏州高新区（虎丘区）城乡一体化暨分区规划（2009—2030 年）》）

7.3.2 有轨电车发展必要性分析

1）满足高新区日益增长的交通需求，缓解城市交通拥堵的需要

在高新区的道路交通流量中，小汽车所占的比例基本超过了 70%，最高的是在太湖大道，机动车流量中有 95%是小汽车。小汽车的快速增长，使得道路交通状况日益恶化。高新区道路交通行驶的车速已经由 2008 年的 35 km/h，降低到 2009 年的 25 km/h，降幅达 33%。狮山路、何山路、长江路等已经开始出现经常性拥堵。

随着高新区的空间拓展，东西向的主要出行空间从现状的 7 km，将扩展到科技城的 13 km，到生态城的 20 km。在短距离出行状态下，电动车、自行车等个体交通出行方式占明显优势，而在中长距离出行状态下，公交车的优势将逐步显现，如图 7-8 所示。

2）支撑城市分区规划，实现发展战略的需要

采用紧凑组团布局模式推进城镇建设空间的集约化发展与生态化建设，形成组团式紧凑城镇发展空间；各城市组团之间强调规模、功能和区位等方面的多样性

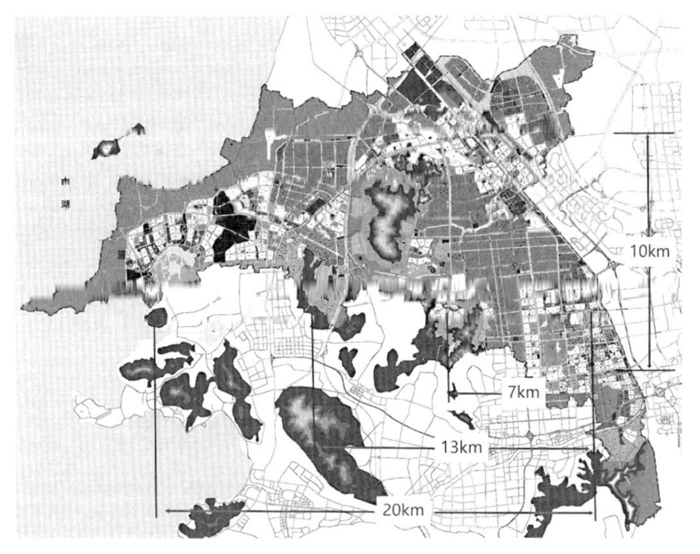

图 7-8 高新区的出行距离的拓展示意图
（来源：作者自绘）

及相互之间的联系和协作，特别是新老建设组团之间在功能、空间和基础设施等方面的协调发展。

从城市发展策略上，高新区分区规划明确提出了交通引导促进空间布局优化，依托骨干公共交通形成集约的客运走廊，通过枢纽体系建设，采用集约化提升模式，通过 TOD 开发，带动城市中心体系的形成，如图 7-9～图 7-12 所示。

图 7-9 高新区客运走廊规划目标图
（来源：《苏州高新区（虎丘区）城乡一体化暨分区规划（2009—2030 年）》）

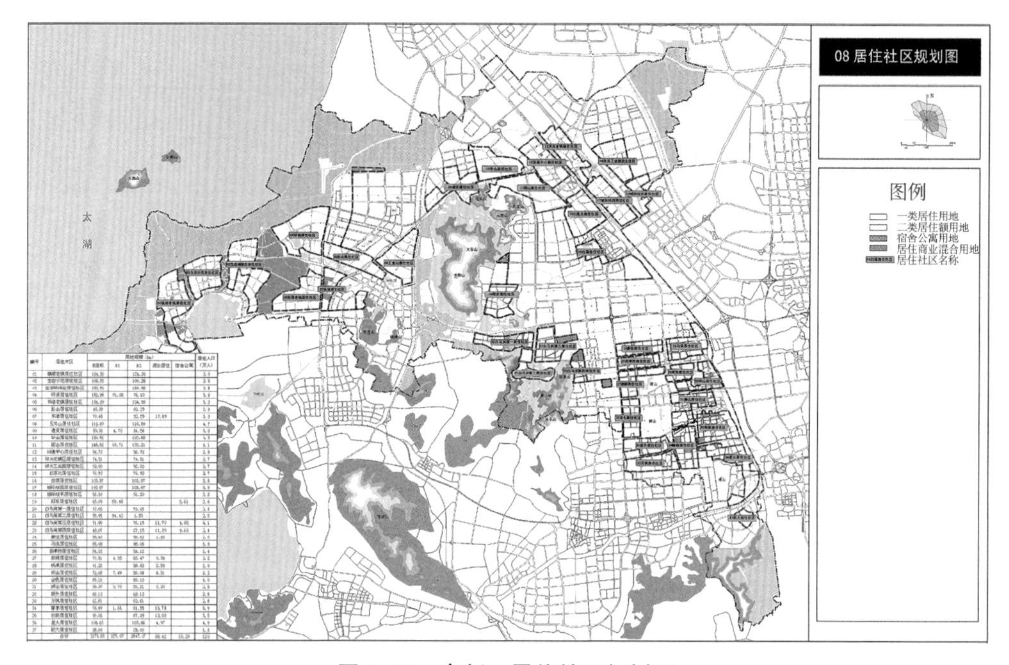

图 7-10　高新区居住社区规划图

(来源:《苏州高新区(虎丘区)城乡一体化暨分区规划(2009—2030 年)》)

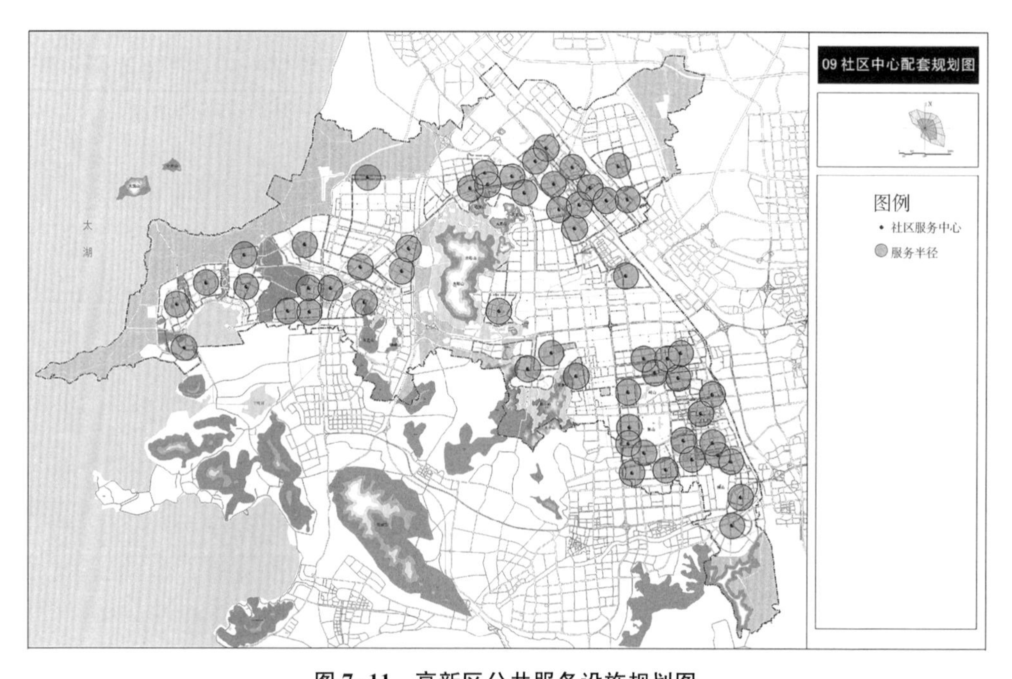

图 7-11　高新区公共服务设施规划图

(来源:《苏州高新区(虎丘区)城乡一体化暨分区规划(2009—2030 年)》)

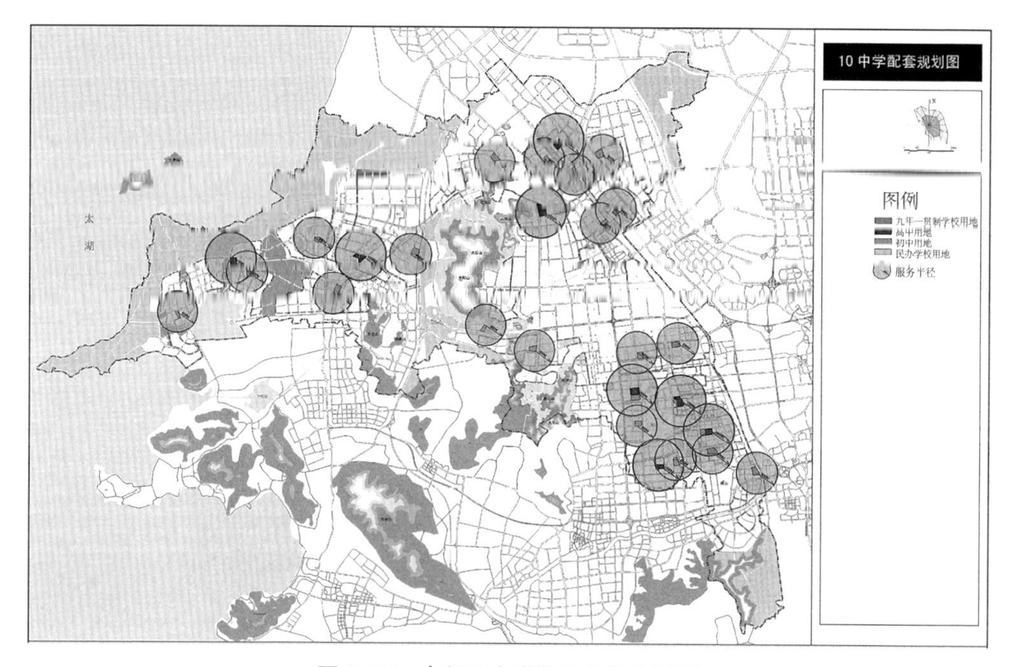

图 7-12 高新区中学教育设施规划图
(来源:《苏州高新区(虎丘区)城乡一体化暨分区规划(2009—2030 年)》)

3) 落实公交优先策略,优化交通结构的需要

如图 7-13 所示,根据高新区居民出行调查结果,全天出行方式分担比例中,最高的是电动车,占 29.5%,其次是私家小车,占 21.9%;而公交仅占 9.6%,单位大车占 7.1%,总体上公交分担比例低,与 2030 年确定的公交达 37%的发展目标相差甚远,交通方式结构亟待优化。

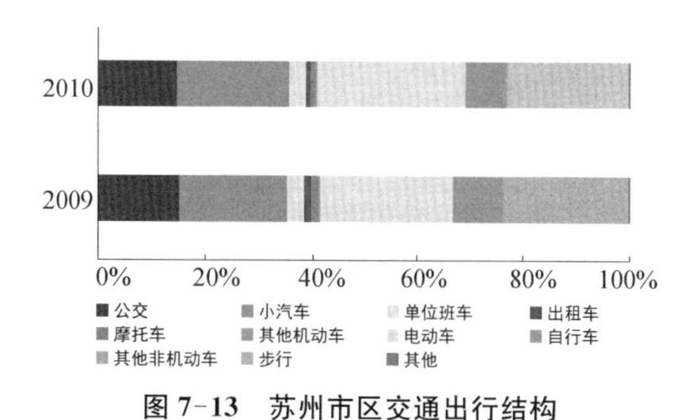

图 7-13 苏州市区交通出行结构
(来源:《苏州高新区(虎丘区)城乡一体化暨分区规划(2009—2030 年)》)

4) 引导湖滨片区快速发展的迫切需求

科技城是城市西进的战略布点,也是苏州城市西部发展轴上的重要节点,是湖

滨片区建设和发展的重点，是西部区域经济发展的动力来源。如图 7-14、图 7-15 所示，高新区新管委会已建设落成即将搬迁，成为城市的行政中心。

图 7-14 生态城板块城市设计图
（来源：《苏州高新区（虎丘区）城乡一体化暨分区规划（2009—2030 年）》）

图 7-15 科技城中心城市设计图
（来源：《苏州高新区（虎丘区）城乡一体化暨分区规划（2009—2030 年）》）

7.3.3 有轨电车线网总体规划方案

1）功能定位

有轨电车是高新区内部公交次骨干系统，是轨道交通的延伸和补充，以满足客流需求，适应并引导城市发展，展示高新区特色风貌的生态公交系统。

2）布设思路

（1）客运走廊布局分析

综合分析主要客流吸引点分布、可开发用地情况，并在梳理道路网络条件下，确定各通道的有轨电车线路布设客运走廊，即布设道路的选择分析。主要客流集散点包括居住、教育、景点、公建、体育和枢纽等。从用地性质来看，主要是居住、商业、商混等用地。从公交引导城市发展（TOD）的角度，重点分析未出让地块的分布位置，将已出让土地红线和用地规划图叠加，如图 7-16、图 7-17 所示。

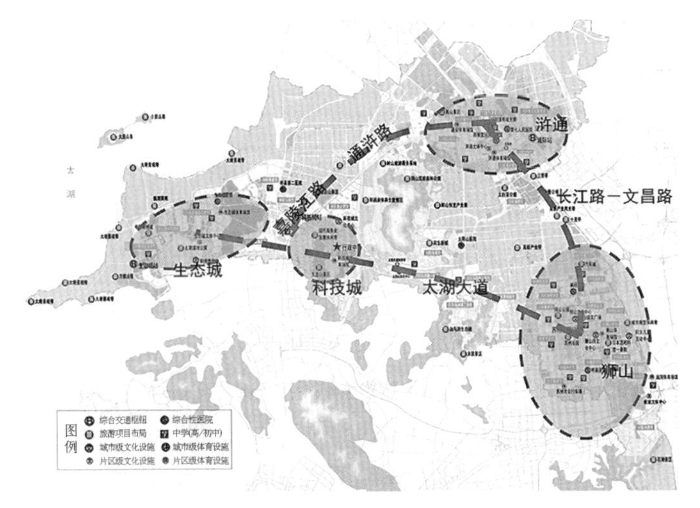

图 7-16　高新区主要客流集散点分布图
（来源：《苏州高新区有轨电车线网规划》）

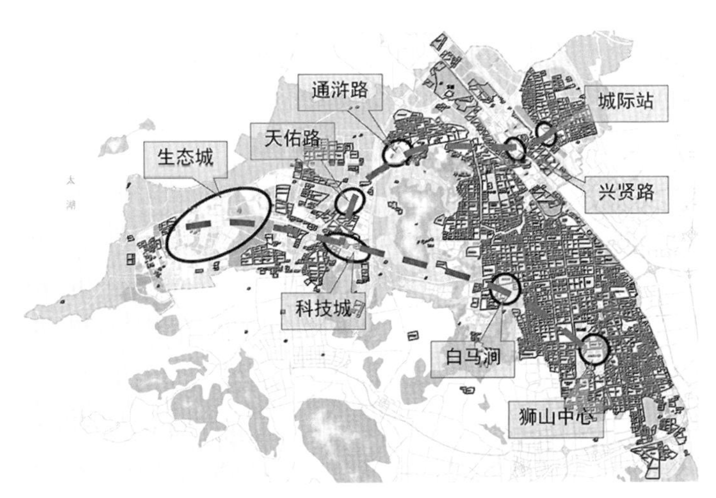

图 7-17　高新区主要可开发用地分布图
（来源：《苏州高新区有轨电车线网规划》）

(2) 通道确定和模式选择

根据高新区城市发展规划和道路网络规划，确定片区之间的主要联系通道，然后根据交通需求分析结果，确定各通道应选择的有轨电车模式。

从高新区的空间结构规划和走廊特征来看，高新区可以分为中心城、浒通、科技城和生态城组团，整个高新区的交通主要走廊呈现为 4 条，分别为中心城—浒通、中心城—科技城、浒通—科技城和科技城—生态城，如表 7-1 所示。

表 7-1 高新区各客运通道公交模式选择分析汇总表

客运走廊	主要道路	单向高峰小时中长距离客流量(万人次/h)	公交模式选择
中心城—浒通	长江路、金枫路、建林路、联港路	3.5～4.0	轨道交通＋有轨电车
中心城—科技城	太湖大道、马涧路	2.4～3.0	轨道交通＋有轨电车
浒通—科技城	通浒路、华金路	1.3～1.5	有轨电车
科技城—生态城	太湖大道、科泰路、1 号路、6 号街	1.7～2.0	有轨电车

注：通道客流量只计算了跨大区客流量，该流量是影响骨干公交模式选择的关键。

(3) 强化枢纽衔接

在通道网络落实后，根据高新区的线网初步形态，结合高新区综合交通枢纽，强化枢纽对线网的锚固和衔接作用。

在原分区规划苏州乐园、新区城际站、湿地公园三大综合枢纽的基础上，提出在湖滨片区中心增加一个综合枢纽，形成高新区内的四大综合枢纽，分别为：苏州乐园、城际站、生态城和湿地公园，从而实现各层次公交通过枢纽换乘进行有效衔接，如图 7-18 所示。

(4) 线网规划布局

综合考虑轨道交通线网、城市发展引导、城市交通需求等因素，给出有轨电车线网布设方案，并分析与轨道交通之间的关系，以及对客流吸引点、用地开发引导之间的适应性。

3) 线网规划方案

高新区共规划了 6 条有轨电车线路，线路长度合计为 93 km，其中 T4 和 T1、T2 共线段长 13 km，布设有轨电车的道路总长约 80 km。其中骨干线为 T1、T2、T3，骨干线网长 42.8 km，如图 7-19、表 7-2 所示。

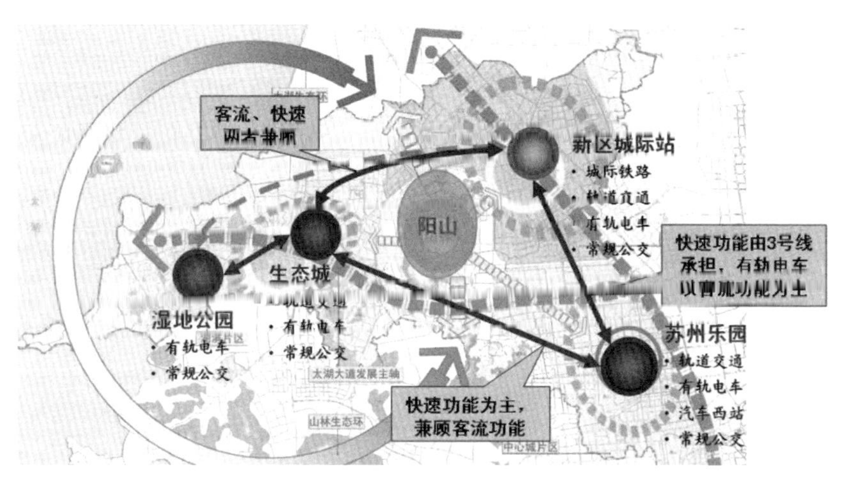

图 7-18　高新区枢纽与网络关系示意图
（来源：《苏州高新区有轨电车线网规划》）

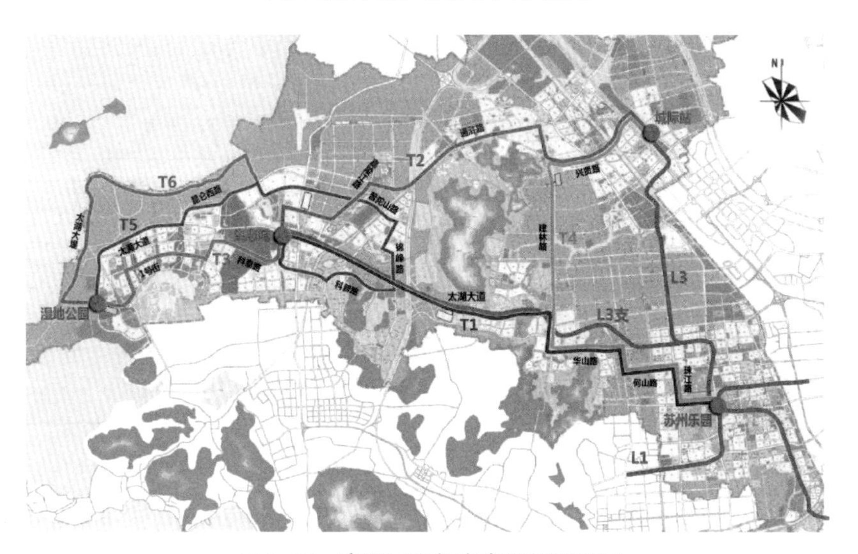

图 7-19　高新区有轨电车线网规划图
（来源：《苏州高新区有轨电车线网规划》）

表 7-2　高新区有轨电车线网规划汇总表

线路编号	线路起终点	线路里程（km）	运营起终点	运营里程（km）	功能定位	备注
1 号线	龙安路—苏州乐园	17.8	龙安路—苏州乐园	17.8	骨干线	—
2 号线	城际站—龙安路	15.8	城际站—龙安路	15.8	骨干线	—
3 号线	湿地工业—龙安路	9.2	湿地工业—龙安路	9.2	骨干线	—

续 表

线路编号	线路起终点	线路里程(km)	运营起终点	运营里程(km)	功能定位	备注
4号线	兴贤路—太湖大道	5.8	城际站—苏州乐园	17.8	补充线	与T1、T2共线
5号线	科泰路—湿地公园	19.4	龙安路—湿地公园	20.4	补充线	与T3共线
6号线	环太湖路	12.0	环太湖路	12.0	特色线	—
合计	—	80.0	—	93.0	—	—

7.3.4 有轨电车客流预测

根据高新区有轨电车线网规划和运营组织规划，分析特征年高新区客流预测结果，如表7-3所示。

表7-3 2020年高新区有轨电车线网各线路客流预测结果

线路编号	运营里程(km)	日均客流量(万人次/d)	平均乘距(km)	线路客流强度(万人次/km/d)	高峰小时最大断面流量(万人次/h)
1号线	17.8	9.23	9.4	0.52	0.63
2号线	15.8	6.03	7.9	0.38	0.49
3号线	9.2	2.26	5.5	0.25	0.23
合计	42.8	17.52	—	—	—

根据预测，在2020年，有轨电车线网客流总量为17.5万人次/d，约占公交总出行的21%；轨道交通线网客流总量为24.2万人次/d，由此2020年高新区骨干公交客流分担率达41.7万人次/d，约占公交总出行的43%，基本符合骨干公交发展目标，如表7-4所示。

表7-4 2020年高新区轨道交通线网各线路客流预测结果

线路编号	线路里程(km)	日均客流量(万人次/d)	平均乘距(km)	线路客流强度(万人次/km/d)	高峰小时最大断面流量(万人次/h)	高新区线路长度(km)	高新区客流量(万人次/d)
1号线	25.7	46.4	7.1	1.81	1.31	6.1	7.73
3号线	43.7	47.6	9.5	1.09	1.51	16.8	16.48
合计	69.4	94.0	—	—	—	22.9	24.21

至2030年,有轨电车线网客流总量为38.9万人次/d,约占公交总出行的31.3%,基本符合有轨电车发展目标。

7.3.5 有轨电车近期建设计划

1) 线路走向

有轨电车1号线(T1)线路全长17.8 km,线路走向为:太湖大道(龙安路)—建林路—华山路—湘江路—何山路—珠江路—金山路(苏州乐园站);沿线主要服务区域包括生态城起步区、科技城中心、科技大厦、大阳山森林公园、白马涧居住社区、白马涧生态园、文化中心和苏州乐园,以及由此辐射狮山中心,如图7-20所示。

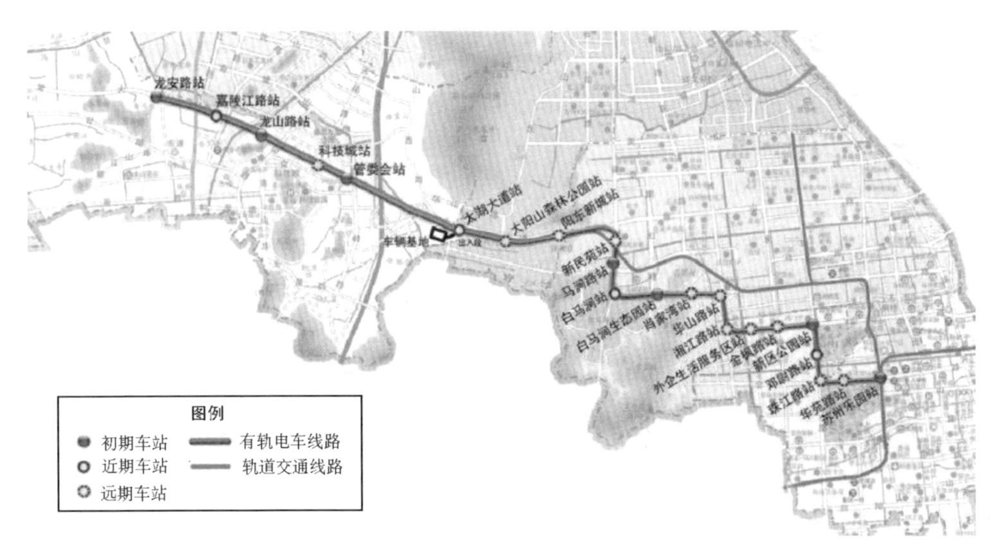

图7-20 有轨电车1号线站点分期布置图

(来源:《苏州高新区有轨电车线网规划》)

2) 功能定位

苏州高新区西部地区(科技城、生态城)与中心区域(狮山片区、枫桥片区)联系的公交主通道,成为整个高新区公交框架中的东西向主廊道,提升高新区公交出行效率,并有效衔接对外公交网络,提供高效的公共交通服务,支撑沿线地区发展。

3) 总体方案

太湖大道西段:红线宽度71.5~91.5 m,主线车道规模为双向6车道,断面两侧布置双向2快2慢的辅道。道路中央有宽度达到15 m的中央分隔带,有轨电车断面利用分隔带进行布置,如图7-21所示。

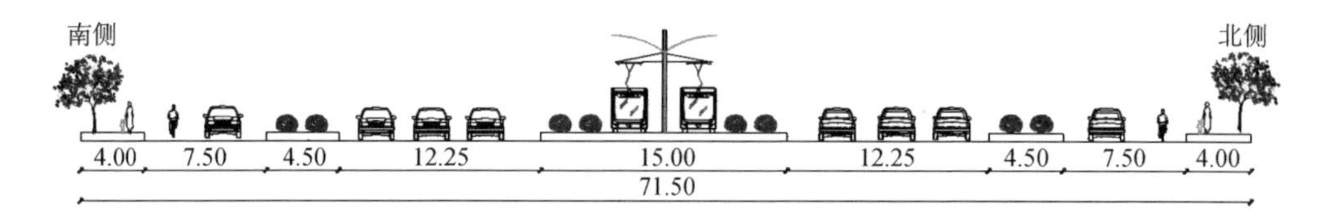

图 7-21 太湖大道路中标准断面布置图
（来源：《苏州高新区有轨电车线网规划》）

在太湖大道的车站，均结合人行通道建设了有轨电车组织乘客过街的人行地道或人行天桥，如图 7-22 所示。

图 7-22 太湖大道路中效果图
（来源：《苏州高新区有轨电车线网规划》）

中间跨越绕城高速及浒光运河时,断面收窄,变为双向8快车道。利用中央空间再建一幅桥与老桥相拼接,作为有轨电车车道,如图7-23所示。

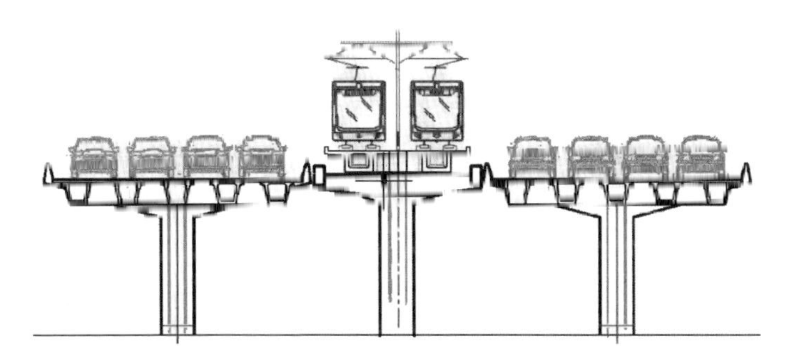

图7-23 太湖大道路中跨线桥标准断面布置图
(来源:《苏州高新区有轨电车线网规划》)

在阳山段,布设在南侧,主要考虑进出车辆段线,以及南侧的车辆段;同时建设跨线桥实现路中与路侧的转换,如图7-24、图7-25所示。

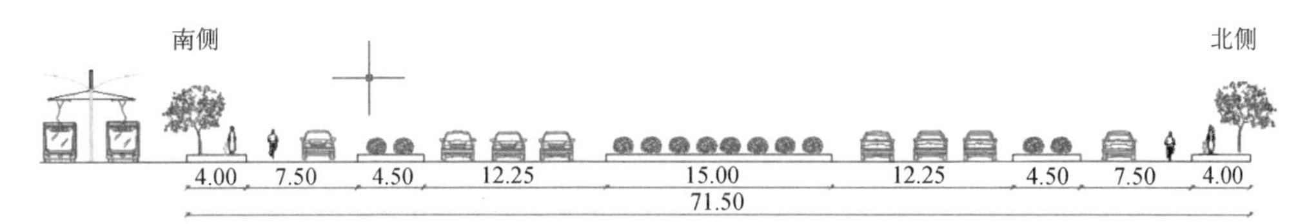

图7-24 太湖大道路侧标准断面布置图
(来源:《苏州高新区有轨电车线网规划》)

图7-25 太湖大道路中转路侧效果图
(来源:《苏州高新区有轨电车线网规划》)

转至中心城区后，建林路布设在道路西侧，如图 7-26、图 7-27 所示。

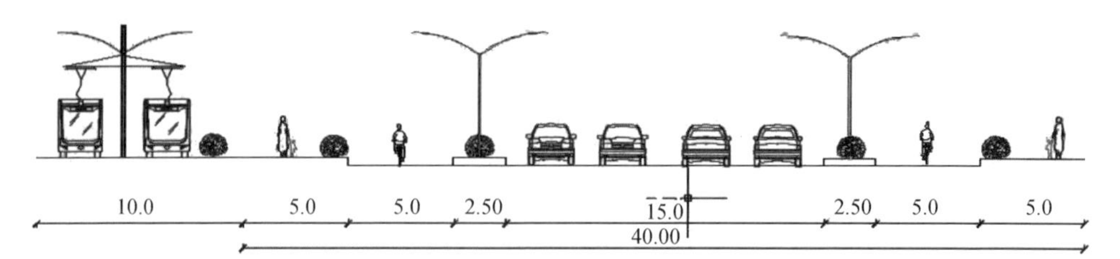

图 7-26　建林路标准断面布置图

（来源：《苏州高新区有轨电车线网规划》）

图 7-27　建林路路侧效果图

（来源：《苏州高新区有轨电车线网规划》）

在其他段，则均布设在路中，如图 7-28 所示。

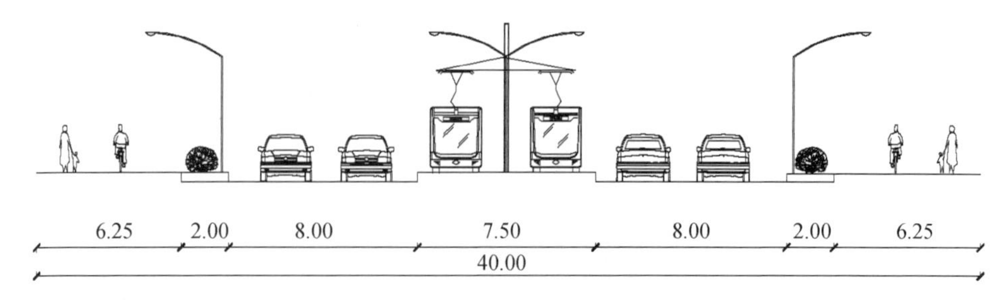

图 7-28　中心城区路中断面布置图

（来源：《苏州高新区有轨电车线网规划》）

在终点站，苏州乐园站，结合车站重新建设了苏州乐园(汽车西站)综合交通枢纽，成为城市的新开发区，如图 7-29、图 7-30 所示。

图 7-29 苏州乐园站效果图
(来源:《苏州高新区有轨电车线网规划》)

图 7-30 苏州汽车西站综合体效果图
(来源:《苏州高新区有轨电车线网规划》)

4) 效益分析

在近期 7 个站点下，600 m 覆盖半径下可以直接服务规划人口 15.5 万，社区中心 5 个，商业娱乐用地面积 20 万 m^2，商办、居办用地面积 150 万 m^2，行政办公 20 万 m^2，学校 8 座，科研产业 120 万 m^2。

在远期设置 18 个站点下，600 m 覆盖半径下可以直接服务人口 28.4 万，社区中心 8 个，商业娱乐用地面积 55 万 m^2，商办、居办用地面积 300 万 m^2，行政办公 30 万 m^2，学校 13 座，科研产业 200 万 m^2；同时服务阳山国家森林公园，植物园等旅游景区，年旅游人口可达 30 万至 40 万人。

有轨电车同时能够很好地带动周边用地的发展。对近期设置 7 个站点时，600 m 半径直接服务带动居住、商混用地总面积约 371.8 万 m^2，将起到很好的覆盖效益，如表 7-5 所示。

表 7-5 有轨电车 1 号线近期站点影响范围内可出让地块分类统计表

序号	地块区域	各用地性质土地面积(万 m^2)							合计	
		居住		商住		文化	工业			
		0.6 km	1.0 km	0.6 km	1.0 km	1.0 km	0.6 km	1.0 km	0.6 km	1.0 km
1	生态城	54.8	60.0	45.0	4.5	0.0	9.4	0.0	109.2	64.5
2	科技城	8.0	31.0	81.0	29.0	0.0	3.5	0.0	92.5	60.0
3	阳山	49.0	14.5	0.0	6.0	0.0	10.0	0.0	59.0	20.5
4	马涧	97.0	16.0	14.5	13.0	0.0	0.0	5.5	111.5	34.5
5	枫桥	1.2	0.0	0.0	2.5	0.0	0.0	0.0	1.2	2.5
6	狮山	0.0	4.5	21.3	0.0	8.4	0.0	0.0	21.3	12.9

注：后经工程设计阶段，初期建设车站调整至 10 个，进一步提升了敷设效益。

参考文献

Reference

[1] ANDREW M HOLMES. Edingburgh Tram Design Manual [R]. 2006.

[2] ANNIKA HEDELIN, ULF BJORNSTING, BO BRISMAR. Trams—A Risk Factor for Pedestrians [J]. Accid. Anal. and Prev. 1996, 28(6): 733-738.

[3] CAROLE CASTANIER, FRANCOISE PARAN, PATRICIA DELHOMME. Risk of crashing with a tram: Perceptions of pedestrians, cyclists, and motorists [J]. Transportation Research Part F, 2012(15): 387-394.

[4] FERHAT HAMMOUM, ARMELLE CHABOT, DENIS ST-LAURENT, et al. Effects of accelerating and decelerating tramway loads on bituminous pavement [J]. Materials and Structures, 2010(43): 1257-1269.

[5] G. PRAML, R. SCHIERL. Dust exposure in Munich public transportation: a comprehensive 4-year survey in buses and trams [J]. Int Arch Occup Environ Health, 2000(73): 209-214.

[6] NOBUAKI OHMORI, TAKASHI OMATSU, SHUICHI MATSUMOTO, et al. Passengers' Waiting Behavior at Bus and Tram Stops [J]. Traffic and Transportation Studies, 2008: 520-531.

[7] PAUL HODGSON, STEPHEN POTTER, JAMES WARREN, et al. Can bus really be the new tram? [J]. Research in Transportation Economics, 2013(39): 158-166.

[8] R. UNGER, C. EDEr, J. M. MAYR, et al. Child pedestrian injuries at tram and bus stops [J]. Injury, Int. J. Care Injured, 2002(33): 485-488.

[9] STEPHAN SANDROCK, BARBARA GRIEFAHN, TOMASZ KACZMAREK, et al. Experimental studies on annoyance caused by noises from trams and buses [J]. Journal of Thomas Winter, Uwe T. Zimmermann. Real-time dispatch of

trams in storage yards [J]. Annals of Operations Research, 2000(96): 287-315.

[10] TAKASHI NAGATANI. Fluctuation of tour time induced by interactions between cyclic trams [J]. Physica A, 2004(331): 279-290.

[11] TAKASHI NAGATANI. Dynamical model for retrieval of tram schedule [J]. Physica A, 2007(377): 661-671.

[12] 包佳佳,黎冬平.现代有轨电车通行能力的适应性研究[C].第十九届海峡两岸都市交通学术研讨会,2011.

[13] 曹仲明,顾保南.城市轨道交通网络结构的优化及其影响分析[J].城市轨道交通研究,1999,1:45-49.

[14] 陈雷进.现代有轨电车信号优先控制方法研究——以淮安市为例[J].交通与运输(学术版),2016(01):94-97.

[15] 中华人民共和国住房和城乡建设部.城市轨道交通线网规划编制标准:GB/T 50546—2009[S].北京:中国建筑工业出版社,2010.

[16] 中华人民共和国建设部.城市公共交通分类标准:CJJ/T 114—2007[S].北京:中国建筑工业出版社,2007.

[17] 中华人民共和国建设部.城市公共交通工程术语标准:CJJ/T 119—2008[S].北京:中国建筑工业出版社,2008.

[18] 中华人民共和国建设部.城市道路交通规划设计规范:GB 50220—95[S].北京:中国计划出版社,1995.

[19] 崔亚南.现代有轨电车应用模式及区域适用性评价研究[D].北京:北京交通大学,2012.

[20] 崔异,施路.法国现代有轨电车的线网布局[J].都市快轨交通,2014,27(2):126-131.

[21] 戴子文,陈振武,谭国威.有轨电车线网编制方法探讨[J].都市快轨交通,2014,27(2):100-103.

[22] 董玉璞,蒋应红. Rule-based Transit Signal Prior Control Strategy with Priorty Degree[C]. Transportation Research Board Annual Meeting, 2015.

[23] 范宇杰.国内外有轨电车交叉口优先信号控制方法初探[C].第二十二届海峡两岸都市交通学术研讨会,2014.

[24] 国务院.国务院关于城市优先发展公共交通的指导意见(国发〔2012〕64号)[Z]. 2012.

[25] 国务院.国家新型城镇化规划(2014—2020年)[Z].2014.3.16.

[26] 韩慧.现代有轨电车在南宁市的应用研究[C].第七届中国公路科技创新高层论坛,2015.

[27] 黎冬平.现代有轨电车的应用模式研究[J].城市轨道交通研究,2015,3.57-59.

[28] 黎冬平.关于城市有轨电车发展实践的思考[C]//第22届海峡两岸都市交通学术研讨会论文集[s. n.],2014:509-515.

[29] 黎冬平.现代有轨电车在国内适应性的实证研究[J].城市轨道交通研究,2015,18(1):8-10.

[30] 黎冬平.有轨电车客运通行能力的计算方法[J].交通运输研究,2020(06):59-65.

[31] 黎冬平.上海现代有轨电车发展规划研究[J].城市轨道交通研究,2015,18(1):1-3.

[32] 黎冬平,王宝辉,陈雷进.现代有轨电车在城市核心区的应用方案研究——以淮安市为例[J].中国市政工程,2014,176(6):88-91.

[33] 黎冬平,王宝辉,刘琪.组合型城市轨道交通系统发展模式研究——以泉州为例[J].城市发展研究,2014,S2:1-6.

[34] 黎冬平,唐森.苏州高新区有轨电车线网规划方案与要点研究[J].江苏城市规划,2014,2:30-33.

[35] 李际胜,姜传治.有轨电车线路布置及交通组织设计[J].城市轨道交通研究,2007(5):38-41.

[36] 陆建,胡刚.常规公交线网布局层次规划法及其应用[J].城市交通,2004,2(4):34-37.

[37] 陆锡明,李娜.科学理性地发展有轨电车[J].城市交通,2013,11(4):19-23.

[38] 毛晓汶.基于手机信令技术的区域交通出行特征研究[D].重庆:重庆交通大学,2014.

[39] N. Cornet,李依庆,华凌晨.现代化有轨电车系统在中国城市的发展前景[J].现代城市轨道交通,2008(6):60-62.

[40] 秦国栋,苗彦英,张素燕.有轨电车的发展历程与思考[J].城市交通,2013,11(4):6-12.

[41] 覃矞,戴子文,陈振武.现代有轨电车线路规划初探[J].都市快轨交通,2013,26(2):42-45.

[42] 上海市城市建设设计研究总院. 苏州高新区有轨电车线网规划[R]. 2011.
[43] 上海市城市建设设计研究总院. 淮安有轨电车线网规划[R]. 2012.
[44] 上海市城市建设设计研究总院. 泰州市现代有轨电车线网规划[R]. 2012.
[45] 上海市城市建设设计研究总院，上海城市交通设计院. 上海市现代有轨电车发展规划研究[R]. 2012.
[46] 上海市城市建设设计研究总院. 苏州市现代有轨电车发展规划研究[R]. 2013.
[47] 上海市城市与交通发展研究院. 中运量公交发展战略[R]. 2013.
[48] Systra，长沙市规划勘测设计研究院. 长沙大河西先导区中运量公共交通系统专项规划[R]. 2013.
[49] 卫超. 现代有轨电车的适用性研究[D]. 上海：同济大学，2008.
[50] 王波，明瑞利，贺方会. 现代有轨电车系统分析与规划要点[J]. 都市快轨交通，2012，25(3)：25-28.
[51] 王德，王灿，谢栋灿，等. 基于手机信令数据的上海市不同等级商业中心商圈的比较——以南京东路、五角场、鞍山路为例[J]. 城市规划学刊，2015(3)：50-60.
[52] 王明文，王国良，张育宏. 现代有轨电车与城市发展适应模式探讨[J]. 城市交通，2007，5(6)：70-72.
[53] 叶芹禄. 论城市有轨电车及其系统的技术特性[J]. 铁道勘测与设计，2008(1)：19-23.
[54] 张海军. 对我国现代有轨电车发展应用的思考[J]. 城市轨道交通研究，2015，7：119-123.
[55] 张献峰，王宇，陈光华，等. 综合新城有轨电车线网规划评价研究[J]. 公路交通科技(应用技术版)，2015，5：265-267.
[56] 訾海波，过秀成，杨洁. 现代有轨电车应用模式及地区适用性研究[J]. 城市轨道交通研究，2009(2)：46-49.
[57] 中华人民共和国建设部. 建设部关于优先发展城市公共交通的意见(建城〔2004〕38 号)[Z]. 2004.
[58] 中华人民共和国国家发展和改革委员会. 国家发展改革委关于当前更好发挥交通运输支撑引领经济社会发展作用的意见(发改基础〔2015〕969 号)[Z]. 2015.
[59] 中国城市轨道交通协会. 城市轨道交通 2014 年度统计分析报告[R]. 2015.